说个天气故事

卢晶晶　赵琳娜　夏晶津　鲍晗澍　著

内 容 简 介

这是一本不一样的气象科普书，在这里，气象不再是冷冰冰硬邦邦的学术理论，也不再是冷门小众无趣乏味的高冷学科，而是走进了你的平常生活里，变成了故事，变成了你看过的热门影视剧和歌曲，变成了你身边熟悉的话题。在这里，海上激烈角逐的台风们可能是在上演宫斗大戏神魔之争，天气异常雨下得停不下来可能是撞上了现实版大片“流浪太阳”，而江南下个雪如此“纠结”可能是“老天的料理工序”太过复杂……原来，气象科普也可以有这么多奇思妙想、脑洞大开的方式，这才是我们想做的科普。你在看这本书的时候并没有觉得你在看科普书，然而在这些轻言漫语、谈笑风生中，那些你不太明白的科学问题忽然就能豁然开朗，或许这就是我们追求的科普最高境界吧！谨以这本书献给热爱气象的小伙伴们，也给在气象科普一线工作的同行们提供参考。

图书在版编目（CIP）数据

说个天气故事给你听 / 卢晶晶等著. -- 北京 : 气象出版社，2021.10
ISBN 978-7-5029-7579-1

Ⅰ. ①说… Ⅱ. ①卢… Ⅲ. ①气象学－普及读物 Ⅳ. ①P4-49

中国版本图书馆CIP数据核字(2021)第206013号

说个天气故事给你听

Shuo ge Tianqi Gushi Gei Ni Ting

出版发行：气象出版社

地　　址：北京市海淀区中关村南大街46号　　邮政编码：100081

电　　话：010-68407112（总编室）　010-68408042（发行部）

网　　址：http://www.qxcbs.com　　E-mail：qxcbs@cma.gov.cn

责任编辑：隋珂珂　　终　　审：吴晓鹏

责任校对：张硕杰　　责任技编：赵相宁

封面设计：楠竹文化

印　　刷：北京地大彩印有限公司

开　　本：710 mm × 1000 mm　1/16　　印　　张：7.25

字　　数：190千字

版　　次：2021年10月第1版　　印　　次：2021年10月第1次印刷

定　　价：48.00元

我们为什么要做气象科普？在每个下暴雨的日子里，在每个台风来的日子里，尽管我们不厌其烦地给人们解释过各种气象知识，但在预报结果不理想时还是会受到质疑和不满。在每个精心制作的气象科普产品背后，不管我们多么兴致勃勃地想要普及科学道理，结果仍会有不尽人意的地方……

气象科普难点就在于，怎么让人看得下去那些晦涩的科学术语和数字。确实如此，老百姓收到的天气预报看起来就是几句话和几个简单的数字，他们也不会想到要了解其背后复杂深奥的科学理论。他们关心明天下不下雨、刮不刮风，天气和气象台发布的预报是否一样，并不会想要去了解什么“副热带高压”“厄尔尼诺”这些气象术语。

我们到底要“科普”些什么呢？气象科普最大的意义就是提升防灾减灾效率，把灾害损失降到最小。让更多的人明白有时候所受的天灾，并不是“老天”的责难，也不是命运的不公，而是人们的科学认知还不够多。简单来说，气象科普的意义是让更多的人能看明白天气预报，以科学的态度来对待天气预报的不完美，懂得如何利用天气预报更好地服务于生活，最重要的是在气象灾害来临的时候学会保护自己。

在大多数人的眼里，他们更需要了解明天是什么天气，几乎没什么兴趣了解气象世界，所以一种简单、容易理解的讲解方式就比较适合他们。比如，用最通俗易懂的语言来讲故事，用最热门时新的话题来吸引眼球，就是那种看了不用怎么费劲就能快速理解，最好还能产生记忆的“傻瓜”方式，那些不明白的科学问题就能豁然开朗。也有一部分人天生热爱气象，他们不仅关注天气，还喜欢研究天气，与你探讨天气，他们会是最愿意和你分享的观众。

当然，不管科普对象是谁，总有人愿意听、也有人不愿意听。我们可以选择不同的方式，起码是自己觉得最合适的方式讲给你听。也许你刚开始不爱听，但没准儿我说着说着你总有些爱听的，总有些觉得有用的，其实能做到这一点已经足够了。

或许这本书可能和你印象中的科普书有点儿不一样，你看到的可能像是一个故事，一个电影，一首诗，甚至一个综艺……对，我就是要把气象写进生活里。在这个气象的世界里生活久了，觉得看到什么都能和气象联系起来。就像电影上演了《流浪地球》，现实世界雨下个不停，上演现实版的“流浪太阳”，这一连串似乎是巧合似乎有点儿神奇的联系，实在是太有趣、太有意思了，总觉得它们是值得被分享给更多人的，我们这里有好多气象世界里的逸闻趣事，你愿意听吗?

最后介绍一下我们吧，我们是来自宁波市气象局的卢晶晶高级工程师，中国气象科学研究院赵琳娜正高级工程师，以及宁波市气象局的灵魂设计师夏晶津、脑洞达人鲍晗澍。

在此要特别感谢有关领导、专家和同事对本书的付梓给予的帮助和支持!

作者

2021 年 6 月

本书由国家重点基础研究发展计划（973）项目（2015CB452806）和国家科技支撑计划课题（2015BAK10B03）共同资助。

目录
CONTENTS

第三章　天气走进诗歌里

第四章　当个懂气象的文化人

第一章

原来天气也会讲故事

1 台风“娜”么厉害，结界终结

2019 年 10 月 1 日

祖国生日，举国欢庆，台风“米娜”却在这一天严重影响浙江，浙江人民经历了狂风暴雨，和超强台风“利奇马”来的感觉一样。

晚上 8 点 30 分前后，台风“米娜”在浙江舟山市普陀区沈家门登陆。

而在此之前，“米娜”的路径一直没有定数……

先回顾一下“米娜”的路径预报：

米娜

来了，来了，我来了，我带着风雨大礼来给祖国庆生，请浙江准备接待，风大雨大脚滑收不住，请浙江人民注意避让，注意避让！

2天前　删除

宁波：莫慌，莫慌，我们宁波有结界，每次都说台风要来我们这儿，结果都是在我们这儿虚晃一枪，转弯去日韩了……

舟山回复宁波：那是因为我们有普陀山把台风挡住了！

魔都回复宁波：我们魔都也有结界，台风一般进不来

吃瓜群众回复舟山：真的吗？真的吗？围观

宁波：祖国生日，我们拒收❌

副热带高压：感觉这个不是你们说了算，是我说了算

杭州：准备中，沿海的同志们你们更辛苦，保重保重

9 月 29 日　预计 10 月 1 日擦过或登陆浙江沿海；

9 月 30 日　预计明天下午到夜间登陆或擦过浙江中部沿海；

10 月 1 日 08 时　预计将于今天下午到夜间擦过或登陆浙江中北部沿海；

10 月 1 日 19 时　预计即将登陆舟山普陀。

登陆还是不登陆？“米娜”把悬念留到最后一刻……

“米娜”最后在舟山登陆，而上一次台风在舟山登陆已经是 1998 年的事情了。根据统计，历史上登陆浙北地区的台风屈指可数，登陆舟山的台风只有 4 个。

20 年过去了，多少台风来到浙北沿海海面却转弯离开，并没有登陆，这背后，到底是某种“神秘力量”的作用，还是有什么科学道理呢？

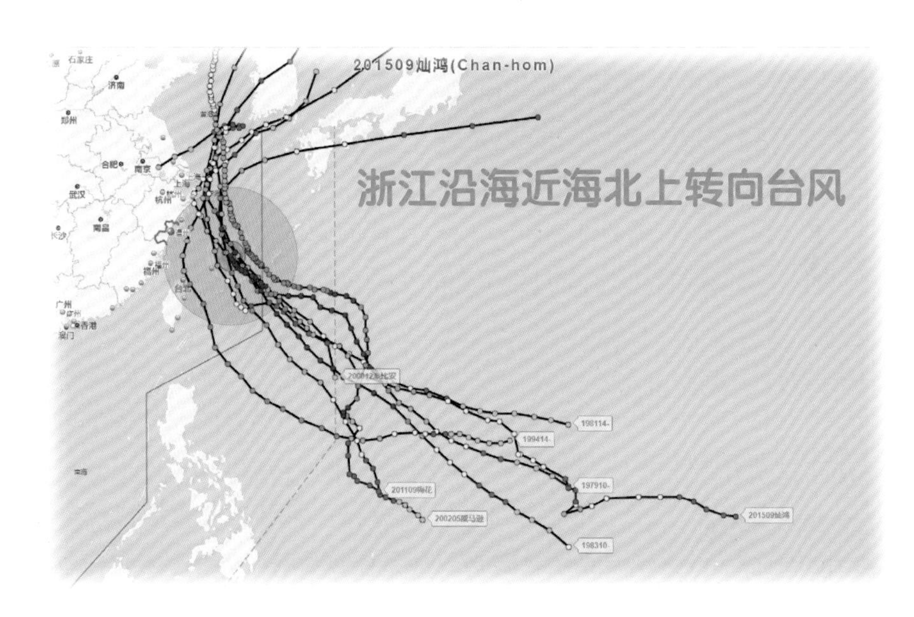

当然没有什么“神秘力量”啦！台风怎么走，主要由副热带高压（简称“副高”）带领。一般来说，台风都乖乖地沿着副高大块头南侧的气流走。不过到了浙北沿海这个纬度，副高要么“虚弱”得上不了岸，要么被一些有实力的台风挤得退居海上，所以走到这里的台风很多都只能沿着它的外环线转弯北上。与此同时，这个纬度西风槽也很活跃，有的台风好容易靠近了，结果西风槽来个“反手一推”，又把台风给“推回海上老家”了。

这次“米娜”怎么最后登陆了呢？

其实，对“米娜”路径一直存在着两种判断：登陆或紧擦沿海北上。根据副热带高压的位置判定，无论登陆与否，“米娜”的路径已经是确定

会北上转向的，两种判断的路径也非常接近，然而登不登陆，只在于“米娜”转向的位置，如果“米娜”在向北走的过程中，越过副高脊线向东北走，可能就不会登陆了，但最后米娜还是坚定地北移，最终在舟山登陆。

副高如此庞大的系统，脊线的微妙变化是无法精确捕捉的，而且舟山岛很小，在这里登陆相当于用“大炮打蚂蚁”，难度非常大，所以是副高和台风极其“严丝合缝”的配合，才造就了这次登陆。

台风不是一个“点”，它是一个庞大的系统，不管台风登不登陆，或者会不会转向，只要它离我们足够近，就不能小看它。每当台风到来时，我们不要只是关心台风在哪儿登陆，最应关注的应该是我们所在地的风雨影响！虽然“米娜”登陆舟山，但它的路径总体还是转向的，所以登陆后台风很快越过副高脊线转向东北，随后阳光倾泻，除了台风留下的痕迹，一切回归平静，虽然台风来过，但幸运的是台风很快走远！

天团儿说说

2019 年第 18 号台风“米娜”在 10 月 1 日国庆节晚上登陆舟山普陀。那一天是祖国的 70 周年华诞，全国上下一片风和日丽，天气平静，只有浙江大风大雨，遭受着台风的猛烈袭击。或许，正是浙江人民的负雨前行，才有了祖国的岁月静好吧！“米娜”来之前，号称年度“风王”的第9号台风“利奇马”重创浙江。“利奇马”是在浙江温岭登陆的，所有人都觉得，从概率上讲，“米娜”登陆浙江，尤其是浙北的机会不大了。然而，没想到的是，最后“米娜”登陆了，登陆点还“选”在了舟山普陀，这里正是普陀观音镇守的地方。在此之前，曾经有很多关于上海有“结界”挡住台风，普陀山能让台风绕道走的传言。然而，2018年有三个台风登陆上海，打破所谓的“结界”之说，“米娜”登陆普陀，也打破了普陀观音挡走台风之说。有了这些现实的例子，还需要解释吗？

自然的馈赠，江南雪花背后的故事

2020 年 2 月 14 日

堆积在西伯利亚的冷空气一路向南迁移，由于没有高大山脉的阻挡，它顺利穿过北方大地，进入长江中下游地区。从孟加拉湾和南海出发的暖湿气流，在西南季风的引导下畅通无阻地向北推进；此时，在江南，一场雪的视觉盛宴正在酝酿，那是冷暖气流隔着千山万水的约定。人们打开热搜和朋友圈，以一种极为高调的方式表达对雪的热情。他们相信，用这种方式，可以等待一场大自然的馈赠。江南的雪，从来都不会以简单的方式示人，人类可以用最尖端的技术计算出雪出现的概率，却无法精确描述下雪的细节，这不是一道简单的数学题。

比起雨，雪是“老天”制造的更高级更精致的“料理”：暖湿气流带来的水汽，经过冷空气的低温“烹制”，就可以做出比雨滴更美妙的雪花。空气的温度是雪花能否顺利飘落的关键：低于

0℃，雪就可以保持翩翩姿势落到地面；高于 0℃，雪在半空中就会融化。制造成功的雪需要的“食材”：水汽、冷空气和“保鲜”的空气温度，三者缺一不可。

这高级的“料理”如此珍贵，“老天”不愿将其轻易示人，在江南，真正下雪的机会也并不多。

极致的雪，只留给最强劲的冷空气

冷空气在南下途中，不断被地面加热，制冷能力大大减弱。江南即使在寒冬腊月，气温也保持在冰点以上。在江南造雪需要的是有实力、经得住长途“加温”考验的冷空气，这样的冷空气十分有限。2018 年年末，寒潮带着最猛烈的降温到达江南，杭州、嘉兴、湖州，甚至靠海的宁波都纷纷下起了雪，这是最近的一次大范围的江南雪。极致的雪，只留给最强劲的冷空气。

造雪的“火候”：时间和气流的完美配合

在江南，造雪的“食材”并不缺乏，但水汽和冷空气需要精准配合，才能创造出完美的雪花。冷空气的“火力”至关重要：“火力”太大，水汽会被收干；太小，降温能力不够，水汽也变不成雪。水汽的供应也要和冷空气到达的时间精准对接，这正是“火候”的精妙之处。时间是雪的“挚友”，时间也是雪的“死敌”，即使是寒潮来袭，也未必一定能造出雪来。2016 年的世纪寒潮，雪从北方一直下到了广州，但却唯独绕开了地处江南的宁波，那是水汽和冷空气的完美错过。

雨和雪的抉择，温度制造的复杂“口感”

雪花飘落时，面临的是从空中到地面空气温度的考验，只有温度足够低才能保持雪花最完美的姿态，这也是强大的冷空气制造的“保鲜温度”。而在江南，再强大的冷空气也显得有些力不从心，暖空气加入，城市热岛效应，海洋效应等各种因素都在干扰着空气保持低温。冷中有暖，暖中有

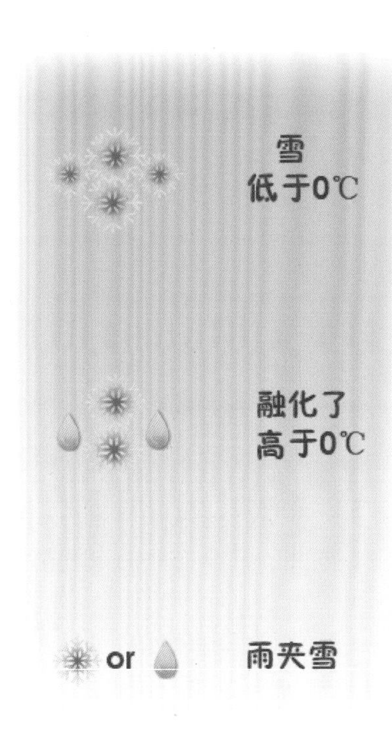

冷，“保鲜”温度的复杂层次，让雪花有了更多形式的“口感”。雪落着落着融化了，就变成了雨；若只化了其中一部分，就变成了雨夹雪；雪化完了又冻上，就变成了冰粒。雨和雪的抉择，从来都由不得自己。

江南的雪，不同的城市各有各的不同，杭州是最容易实现下雪的城市，只要冷空气和水汽完美配对，雪的“命中率”很高；而隔壁的宁波在海洋调节下，温度常常比内陆高，纠结的温度让下雪变成了“看人品”和“撞运气”；而位置更靠北的上海，本该是冷空气更强的地方，没想到，温暖的海风会把快落到地面的雪融化成雨，对上海人来说，他们的雪大多都下在了上海中心大厦楼顶上。

北方的雪酣畅淋漓、洋洋洒洒、豪放爽气，“口感”纯正而浓厚；江南的雪更具有优优柔柔、似下非下的“婉约气质”，融合了雨、雨夹雪、冰粒等多重层次，“口感”更丰富。

事实上，无论北方还是南方，降雪天气都正在逐渐减少，我们刚刚经历的超级暖冬，江南更是处于严重的“贫雪”中，这和全球气候变暖不无关系。雪作为另一种形式的降水，与气候密不可分，人类的“无视和任性”改变了气候，也改变了雪。也许未来，我们见到雪的机会会越来越少，或者还会遭遇一些极端的“异常雪”。雪太多和太少都不一定是好事。江南的冬天，期待的是一场场如约而至应时应景的雪，享受自然的馈赠，最需要的还是人们敬畏自然、珍爱自然。

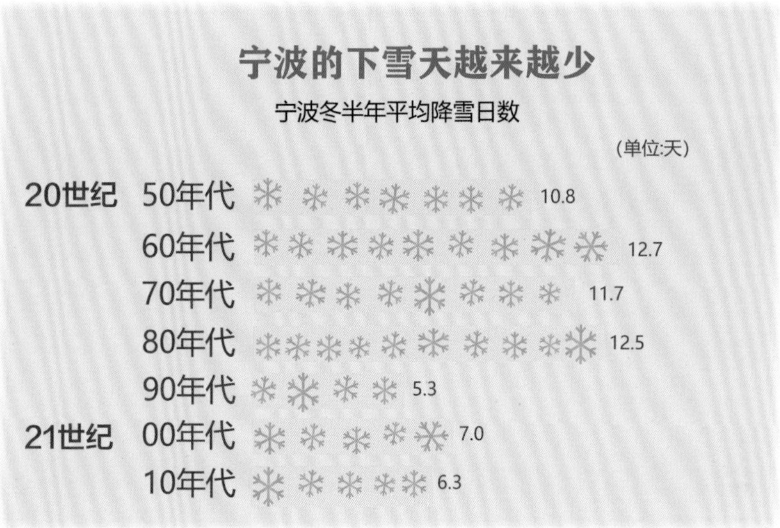

宁波的下雪天越来越少

宁波冬半年平均降雪日数

(单位:天)

20世纪	50年代	10.8
	60年代	12.7
	70年代	11.7
	80年代	12.5
	90年代	5.3
21世纪	00年代	7.0
	10年代	6.3

天团儿说说

2020年2月14日的寒潮，又称作“情人节”寒潮，是这个冬季甬城最后的下雪机会，山区的雪如约而至，但城区再次与雪无缘。也难怪，刚刚过去的2019—2020的冬季是宁波史上最暖冬季，不下雪也不稀奇。不过，宁波“贫雪”是真的，好几年没有下场像模像样的雪了。记得前几年每次说要下雪的时候，大家总是很兴奋，不过结果也总是让人失望。你以为你等来的是正儿八经的雪，结果可能是稍不留神就没了的“快闪雪”，睁大了眼睛才找得到的“头皮雪”，或是只能看看别人家下的“照片雪”。然而，你说气不气人，就在你隔壁，杭州倒是每次说下就下，看来看下雪也讲运气啊！2020年“3·23”世界气象日号召大家关注气候与水，全球气候变暖是不是也在悄悄改变雪呢？值得深思！

3 “梅菇凉”在江南那些事儿

2020 年 6 月 9 日

江南的夏天不止有眼前的热情，还有“湿和远方”！

这湿和远方说的就是梅雨吧！

在江南，梅雨常常被称为“梅菇凉”（“梅姑娘”），阴雨不断，缠绵悱恻，像极了优柔婉约的江南女子。

湿是“梅菇凉”独有的气质，走到哪儿，哪儿就是湿哒哒、雨淋淋。随便“捏”一把空气，好像都可以拧出水来，简直就是湿神附体。

“梅菇凉”也并不是江南独有，她总是在追寻远方的世界，喜欢去长江中下游吃吃热干面和湘辣菜，去苏杭逛逛园林和西子湖畔，甚至去日本、韩国“追追星”。

“梅菇凉”的梅一般都说是源于江南的黄梅，但在宁波，似乎说杨梅更为贴切，“梅菇凉”来的时候，正好杨梅也可以吃了。

2020 年的“梅菇凉”来得特别早：5 月 29 日，宁波就宣布入梅了，比起常年要提前近半个月，这是近 10 年里最早的一次。

“梅菇凉”怎么这么早就来了呢？先来看看“梅菇凉”的由来，这或许是个浪漫的故事！

初夏时节，来自南方的暖湿气流和北方的冷空气实力相当，真可谓

"门当户对"，一拍即合，冷暖空气的相遇也更加"黏腻"，常常"你侬我侬"，激发持续稳定"爱的雨花"，久久不散。

然而，并不是所有的雨都是梅雨，"梅菇凉"什么时候出现由另一位天气"大咖"——副热带高压（简称"副高"）说了算。

夏天是副高的主场，此时的它正在壮大自己，逐渐向北扩张势力。因为它的存在，南边来的暖湿气流都得顺着它的边缘北上，冷暖空气只能在它的北侧相遇。所以，副高移到哪里，雨就下在哪里！

一般 5 月下旬，副高还在更南的南方，雨带集中在华南一带，那里的雨叫"龙舟水"，因为那里暖湿气流更强大，所以龙舟水一般都会比较猛烈。

到了 6 月上旬，副高开始逐渐北上，在它的北侧边缘，也就是长江中下游至江淮流域一带会出现一条细长的雨带，梅雨应运而生，此时此地的雨才是正经的"梅菇凉"。

而今年，情况似乎有变！才刚刚 5 月底，本应好好待在南方制造"龙

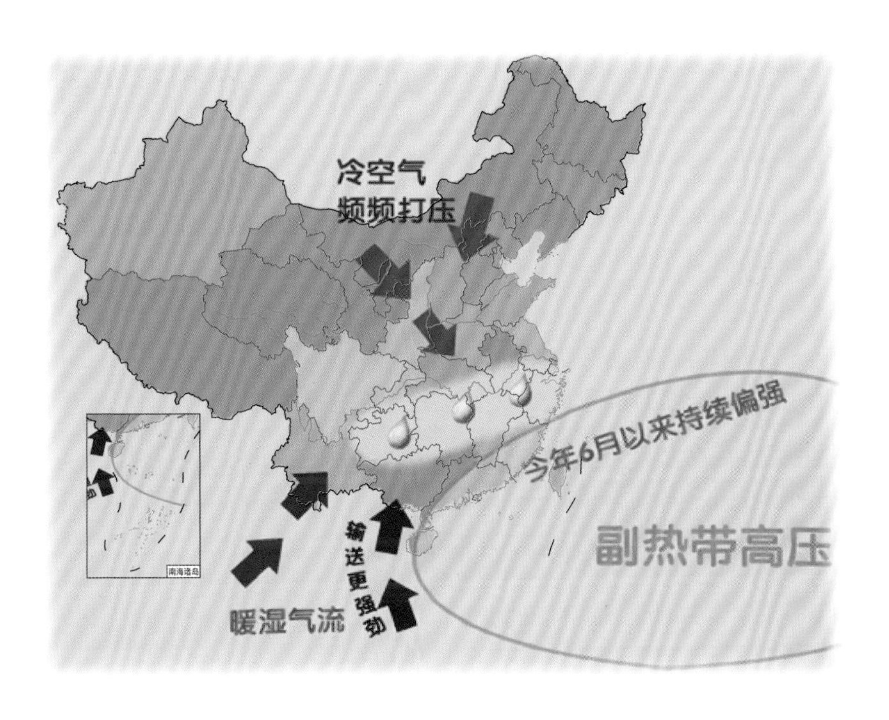

舟水”的副高就突然北上，一条梅雨带赫然出现在长江中下游一带，江南的“梅菇凉”就这样猝不及防地来了！

这个看似柔弱的“江南妹子”其实也是个厉害角色，刚刚入梅，就搞了好几场大暴雨。

正常的时候，“梅菇凉”应该都是连阴雨“温柔范儿”，但近年来，多位天气“大咖”都不爱走寻常路，她也显得有些情绪不稳定。

这次也是如此，副高“上窜下跳”，加上遇到了西南季风暴发强势助攻，“梅菇凉”的造雨能力也大大升级。更有意思的是，没到“预定时间”就北上的副高不太稳定，一会儿南落，一会儿又北抬，造成“龙舟水”和“梅菇凉”“同台竞技”的局面。

其实，近几年来江南的“梅菇凉”都比较“暴力”，经常是间歇性地来场大暴雨，这种暴雨不会天天下，可一旦下起来就不得了。2017 年浙江出现多场大暴雨，钱塘江出现了新中国成立以来第二大洪水。有时候“梅菇凉”会和台风来个“强强联手”，2015 年遇上了台风“灿鸿”，宁波梅雨量高达 540 毫米（常年 240 毫米），为 1955 年以来最多。更厉害的还有强对流“加料”，2016 年 6 月 28 日奉化出现雷雨大风过程，极大风速超过 9 级，还出现了冰雹。

江南的“梅菇凉”已经越来越不像我们印象中那个“温婉”的样子了，她变得越来越不典型，因为她背后的天气条件远比我们想象得要复杂，比如副高脊线位置，季风强度，冷暖空气强度等。随着全球气温变暖，厄尔尼诺等异常气候事件频发，天气也越来越不按常理“出牌”，“梅菇凉”的性子也越来越难掌控。今年她这么早就来了，或许是一个信号，教科书上持续连绵的典型梅雨只不过是对过去经验的总结，而在未来，梅雨可能会以更多不同和不典型的方式存在。无论是典型还是不典型，梅雨只是一个名词、一种称谓，一旦对这些天气系统建立起暴雨模式的时候，我们更关心的是这些暴雨将会下在哪里，会有多强！

天团儿说说

2020年是个“奇葩”的年份，冬天里提前过春天，春天里上赶着过夏天，夏天“急吼吼”“招呼”都不打一声就登场了。梅雨更是来得太突然，让人没有一点点防备，大气环流迅速调整，副热带高压姿势“摆好”，冷暖空气“一拍即合”，梅雨就这样来了。5月29日，宁波气象台突然“官宣”入梅，比常年偏早近半个月。正在大家质疑这么早入梅是不是真的梅雨的时候，“梅菇凉”连着搞了好几场疯狂的“暴力梅”，似乎特别想要证明自己。不管怎样，漫长的梅雨季就这样“任性地”开始了。

4 刚刚过去的最暖冬天，我们到底经历了什么？

2020年的这个冬天，有没有温暖到你？是不是感觉新买的羽绒服还没来得及穿？想看雪的愿望一次又一次落空？或许是这个特殊的冬天，人们经历了太多的“寒冷”，所以，“老天”选择了一种最温暖的方式“抚慰”世人。这个冬天没有太过凛冽的寒风，没有太过狂暴的雨雪，也没有太多刺骨的冰冻，它用尽全力制造着温暖，似乎想用这个前所未有的暖冬去补偿人们遭遇的疫情寒冬！

这个冬天，真正刻骨的冷实在太少了，印象之中，每一次降温都转瞬即逝，这个冬天在冰点以下的日子仅仅只有3天，而甬城正常的冬天，0℃以下的日子一般会有大约20天左右，所以这个冬天完全没有寒冷的记忆。其实这个冬天，我们一共经历了11次冷空气，但大多数都显得十分“平静和温柔”，其中也有几次“像模像样”的大降温，但随后就是迅猛的跳跃式回暖，低温没什么存在感。最强的一次冷空气，也就是2月14日的“情人节”寒潮，那是宁波城区这个冬天最后一次下雪的机会，当然还是没能如愿，在这样暖的冬季里，就算是寒潮来了，也无法下雪！

冷空气的弱势，让暖湿气流有了意外的机会，这个冬天暖湿气流变得异常“猖狂”，不仅随时挑战冷空气的“权威”，还制造了几次强势的换季式大回暖。2月25日，宁波经历了一波“暴躁式”增温，最高气温达到了29℃以上，让人们在这个冬天里过上了“夏天”。那一次回暖让我们误以为甬城要提前进入春天，实现2月最早春天了！只是毕竟冬天还没有过完，冷空气虽然不够强势，但也时不时会来刷一下存在感，让过分“热情”的暖湿气流“冷静冷静”：“这里还是冬天，请控制一下你的情绪！”所以，每次异常的大回暖之后就有猛烈的大降温，让你把脱掉的棉袄又穿回去！

换句话说，这个冬天并非缺乏冷空气，可能只是因为暖湿气流太强才显得冷空气弱，冷空气没有了绝对的优势，才让暖空气有机会与之抗衡，正因为如此，雨在这个冬季也多了起来。1月，正是冷暖气流交战最多的日子，宁波陷入一轮又一轮的雨水当中，人们不禁想起了上一个冬季，那个连续一两个月阴雨“不眠不休”，太阳去“流浪”的时期。不过这个冬季并不一样，如果说上一次太阳是“离家出走”，这一次只能算是出门“散心”，上一次太阳一“出走”就是个把月，整个儿就是“玩失踪、玩消失”，连续几十天不间断下雨，而这一次，太阳往往是“走”个几天就“回家看看”，雨下几天，“歇”几天。而且，这个冬天的雨竟然少了几分冬雨的冰凉，多了几分春雨的温度，下雨时期的平均温度比去年同期要偏高2℃左右，这是什么概念？这意味着在冷暖气流的博弈中，暖湿气流是“小胜一筹”的，雨是从暖湿气流的云中降落下来的。虽然下雨的日子比较多，但并不让人讨厌，感觉甚至有时候比不下雨还要暖和。

所以，这个冬天的冷空气注定是“失败”的，这个冬天成为了名副其实的“暖冬”，然而，这不是一个一般的暖冬，是一个超级大暖冬，是浙江经历过的史上最暖的冬季！而我们宁波，经历了有气象记录以来第16个，同时也是排名第一的暖冬！也许，这个冬天的冷

2000年以来“暖冬”勤打卡

（根据宁波市区12月-次年2月平均气温统计）

暖冬 2000	暖冬 2001	暖冬 2002	暖冬 2003	正常 2004
正常 2005	暖冬 2006	正常 2007	暖冬 2008	暖冬 2009
冷冬 2010	冷冬 2011	正常 2012	正常 2013	正常 2014
暖冬 2015	暖冬 2016	正常 2017	暖冬 2018	暖冬 2019

空气是故意“输”给了暖湿气流，她想用一个最温暖的冬天，驱散人们心中的寒意。近年来“暖冬”似乎成了常态，宁波的暖冬也越来越多了，人们越来越享受这份冬日的温暖惬意，但这并非是好事！全球气候变暖？异常的气候事件“厄尔尼诺”？这些都为频频出现的“暖冬”“背锅”。不管怎样，“暖冬”意味着气候不正常了，值得我们警惕！这个最暖冬天已然过去，下一个冬天还会继续吗？

天团儿说说

在这个最暖冬天里，发生了一件特别有趣的事情，就是在2020年冬季最强寒潮“轰轰烈烈”准备大举南下之时，上海2月11日突然官方宣布入春了。所以，这也就出现了特别“魔幻”的一幕，上海的最低气温出现在了“春天”里，这让入春之后感受到冰点以下的气温的人们直呼看不懂，纷纷表示：春天在哪里？宁波的小伙伴们在2月25日的大回暖中，也有了一丝可以提前入春的希冀！不过，宁波官方明确表示当时不会入春。气象意义上的入春并不是一件简单的事。在气象学上，入春有严格的标准，其中最重要的一条就是“连续5天日平均气温稳定在10℃以上”，的确，2月25日那一波升温可以达到连续5天日平均气温超过10℃的标准，但温度指标并不是绝对的入春标准，能不能顺利入春，还得看之后冷空气的表现。一般来说，如果气温没有特别大的振荡反复，就可以考虑入春，但如果冷空气比较强，或者冷空气一股接着一股来，影响时间长，明显的冬季“复辟”那就可能入不了春，因为入春还得遵循一条重要原则，就是“稳定”，仅仅用“连续5天日平均气温超过10℃”的简单标准判定入春显然是不充分的。所以，宁波并没有实现2月最早入春，而是到3月7日才正式宣布入春！

5 有一种冷，叫做世纪大寒潮

2016年1月，沉浸在暖冬之说的甬城人民似乎还不愿意相信，他们将遭遇一场超级大寒潮。

气象台说，这是一场几十年一遇的寒潮，要像抗击台风一样抗击寒潮！

气象台工作了几十年的预报员说，数值预报报出这么低的温度，从来没有遇到过。

这是连预报员也没有经历过的寒潮，到底冷到什么程度，还都只是未知数……

2016年的那个元旦小长假，甬城的气温跃至20℃以上，温暖得和春天一般。人们一面享受着突如其来的暖意，一面调侃着：或许一条丝袜就可以捱过这个冬天了。与此同时，遥远的北极发生了一件大事，一股诡异的暖湿气流强势入侵，千年冰封的极寒之地竟然升温至0℃以上。谁也不曾想到，这个看起来隔着十万八千里遥不可及的事件，在几十天后，让人们在这个不太冷的冬季遭遇了前所未有的大寒潮。积聚着极寒之气的北极涡，本来应该在北极好好待着，却被这股暖湿气流赶出了“老窝”，“流落”到了西伯利亚，一时间，西伯利亚的冷空气“爆棚”，“无处安放”的冷空气倾泄而下，这一泄，就是“逆天”的寒冷。

以往那些了不得的冷空气寒潮只能算是北极涡的“边角料”，这次是

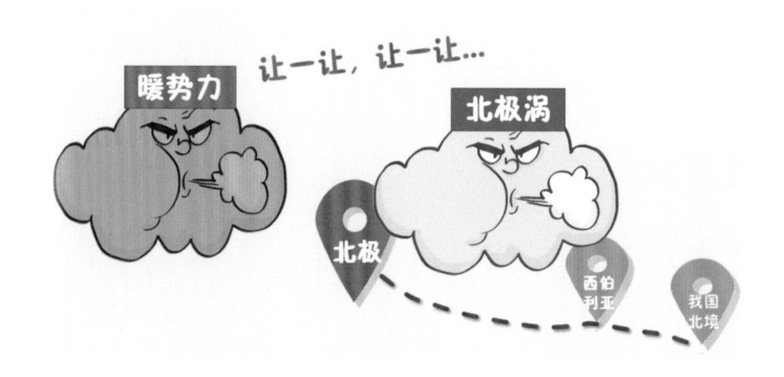

它“老人家亲自出马”，和之前那些寒潮完全不是一个量级。这是三十年一遇的低温，是真正的世纪大寒潮。

这场寒潮真正到来之前，没有人会想到它会冷得如此极致。北方自不必说，雪已经下了很多天了，寒冷好像无法停止，然而，它真正的厉害之处是把北国的冰天雪地“搬到”了江南大地，让雪花最终飘到了南国之境。

实际上，数值预报早早地就向人们预告了这场寒潮的凶猛，各地最低气温纷纷跌破了历史极值。人们起初还不以为然，数值预报有时候也会出错，不一定准确，更重要的是，这样的极端寒冷非常罕见，上一次出现还是在 20 世纪 50 年代，这已经超出了预报员的经验。然而，数值预报结果后来的走势让人们越来越意识到，这并不是开玩笑，超级大寒潮真的要来了。

很多年轻预报员们都没有经历过这样的寒冷预报，也没有碰到过数值预报能报出这么低的情况，甚至在天气历史数据中都找不到这样的参照结果，他们把最低气温报到了 −7℃，已经是够大胆的预测了！ 20 世纪出现的最低温记录是 −8.8℃，这次到底会冷到什么程度，所有人都等待着见证历史的一刻！

时间到了 2016 年 1 月 24 日，传说中的世纪寒潮终于在这一天露出了最狂暴的一面！这一天到底有多冷呢？上午最低气温一度降至 −5℃，白天气温仍在下降，在第二天凌晨寒冷达到了极致，最低气温已经降至 -8℃以下了……

一般来说，一天中的最低气温出现在凌晨，只是冷一下而已，而这一次，一整天气温都在强大的冷空气压制之下无法翻身，不仅是气温低得让你战栗，风那叫一个“惊天地泣鬼神”。风吹得越大，人体散失的热量也就会越多，科学实验表明，气温在 0℃以下时，风力每增加 2 级，人的寒冷感觉会下降 6～8℃。这一天最大风力达到了 5～7 级，相当于一个大型冷气输送机，走在外面，真是冷得可以“上天”了。

都说有一种冷，叫北方不懂南方的冷，南方“湿魔”上阵，一冷就冷到骨子里，在同样的气温下，南方的体感温度会冷得多：宁波 -5℃的气温可以抵得上北方 -10℃了。很多年轻人可能第一次经历这样的寒冷，无法理解，温暖祥和的冬日里竟然隐藏着旷世极寒。其实，这个世界原本就是公平的，这世间的冷暖也是如此，冬天本该有的寒冷，从来都不会凭空消失，暖得太久，冷终究是要来“还”上的，只不过这个冬天积累的暖实在太多，而留给冷的时间太少，所以冷只有用这种最猛烈最极端的方式“偿还”。换句话说，或许，只有全球变暖背景下的异常暖冬，才可能成就这样的世纪大寒潮。全球变暖已经无法逆转，不知道将来还会碰到多少暖冬，而人们无法知道的是，在某一个暖冬里，北极涡它“老人家”会不会再度“出山”，让江南的人们再次体验来自极寒之地的气息。

天团儿说说

说实话，2016 年的超级大寒潮让预报员们“懵圈”了，很多预报员没有在宁波碰到过这么冷的天气，也没有碰到过数值预报报出气温这么低的数值。一般来说，预报员们平常做预报都要参考数值预报的结果，虽然数值预报是冷冰冰的机器算出来的结果，但加上预报员们的妙手，加工出来的天气预报就有“温度”了。简单点说就是，机器算出来的结果不能直接用，还得经过预报员的经验和判断对结果进行修正，人们最终看到的是预报员经过深思熟虑的结果，是知识和智慧的结果。所以，要分析数值预报结果，预报员的经验很重要，这些经验是从平常经历的一次次寒潮预报中积累出来的，也是对一次次真实的气温、风力、雨量等实况数据的认知。然而，预报员们没有遇到过这样的天气案例，没有实况数据可以参考，这对预报员来说是很大的挑战。举个例子，宁波夏天最高气温没有出现过40℃或者极少出现40℃，预报员就不会轻易报40℃，如果数值预报报到40℃，他会根据天气状况、气温实况等进行判断和调整。这次就是这样，宁波几十年的冬天都没有出现过这么大的寒潮，预报这么低的温度，预报员自然是怀疑的，也是谨慎的，在发出预报结论的时候就需要更多的胆量和考量。也只有这样，才是科学的态度、严谨的态度！

初现

2016年的7月，“梅雨君”“叱咤风云”，长江中下游至江淮地区遭受着前所未有的暴雨袭击，湖北告急，安徽告急……江南的大雨也似乎愈演愈烈。与此同时，2016年1号台风“尼伯特”横空出世，“一掌推走”了梅雨带，“叫停”了长江流域的连日暴雨，然而，台风“小尼”来势汹汹，暴雨只是要换个时间、换个地方下而已。

7月3日上午08时，“尼伯特”正式生成，一经出世，就迅速取代了“梅雨君”的“网红”地位，瞬间“刷爆”了朋友圈，它也不曾想到，自己不仅成为了当年的1号台风，还是最强的1号台风。在7月盛夏，“款款而来”的“小尼”注定有着不平凡的一生。作为2016年的首发台风，“小尼”来得如此“慢吞吞”。据统计，常年第一个台风生成的日期是3月19日，而“小尼”的生成的时间为7月3日，成为有气象记录以来第二晚的“初台”。这一切也归咎于超强厄尔尼诺，由于2016年是超强厄尔尼诺的结束年，西北太平洋也患上了“拖延症”，台风生成这件大事，一拖就拖了近3个月。

成长

尽管“小尼”来得有些晚，但是它“厚积薄发”。西北太平洋在晒足

巅峰时期的“小尼”

180天后能量爆棚，“小尼”生成之后就经历了爆发式增长：从7月5日02时的强热带风暴到20时的超强台风，短短18小时就完成了“四连跳”，最大风力在17级以上。“尼伯特”在密克罗尼亚西亚语中意为勇士，看来这个“小尼”也是风如其名，勇猛无比。

“小尼”生成之初不算“好看”：云系凌乱残缺，但后来却是“越长越标致”，巅峰时刻的“小尼”，核心云系紧凑浑圆，台风眼清晰及深邃，是台风中的“大眼仔”。不过，最美丽的事物大多也是最危险的，7月8日，“小尼”以超强台风的级别在台湾省登陆，成为登陆我国最强的首发台风。

撞击

“小尼”选择了一条“中规中矩”的路：先登陆台湾，再登陆福建，之后深入内陆腹地“转上一圈”，在台风历史上这样的路径屡见不鲜。在台湾高达3000米的中央山脉面前，再强大的台风也要为之颤抖，“小尼”的台风眼，完美紧密的核心云系受到了猛烈的撞击和摧毁，强度已经大大受损。和中央山脉周旋打转的时间过长，“小尼”之后的行走轨迹也受到了干扰，离开台湾准备再次登陆福建的“小尼”，也比想象中更晚一些，会更弱一些。

想到这里，也很庆幸“小尼”选择了这条路，中央山脉是台湾和整个东南沿海的“挡风神山”，无数超强台风都断送在“神山”之下。如果没有中央山脉的抵挡，“小尼”以中心900百帕的气压登陆福建，那将是无法想象和难以承受的后果。

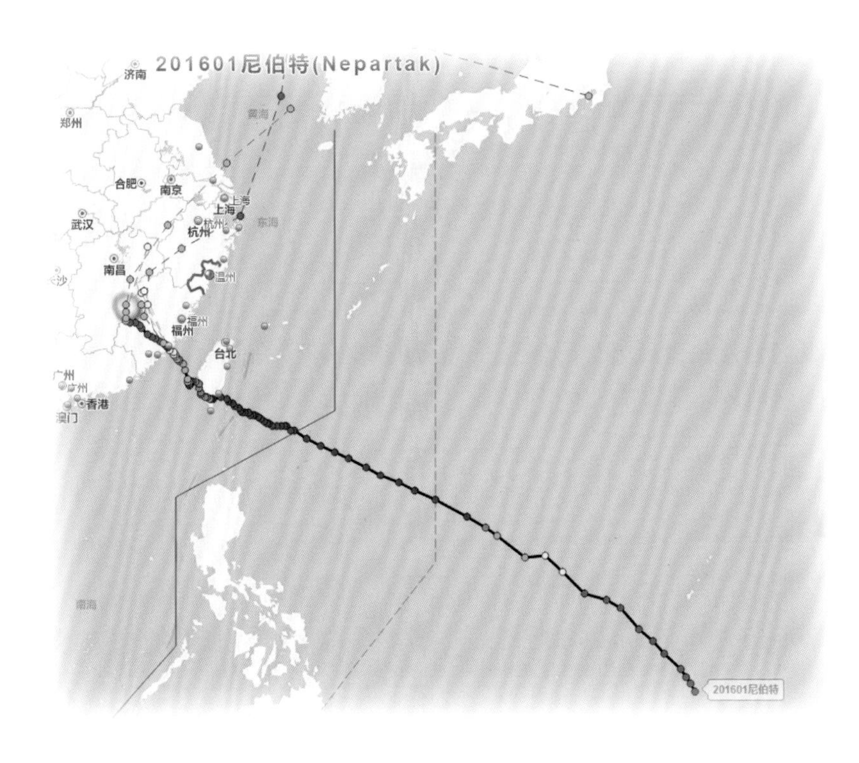

“小尼”的路径

等待

7 月 9 日一大早，宁波就开始下雨了，没错，这就是台风“小尼”的外围云系带来的。台风就是台风，远远地“甩”来一片云彩，就能下起一阵不小的雨……此时的“小尼”已经减弱为强热带风暴，在福建近海“晃悠”。看到此刻的“小尼”，很多人心里都松了一口气吧，曾经“傲娇”的超强风王如今已经不成“风”形，台风核心云系已被冲散，云图上肉眼已经找不到台风中心了。

“小尼”终究是输给了中央山脉，刚离开台湾时，还能以强台风级别勉强支撑，本以为进入台湾海峡之后能缓一缓，结果经历了连续两次“降级”，强度已经大大削弱。在台湾海峡“磨蹭”了近 20 个小时，“小尼”屡屡停滞，甚至还向南走，“玩了好几个假动作”。不过，后来“小尼”还是很快调整好，按照既定路线前行，预计登陆地点变化不大，只是这样一来，登陆时间比预计的更要晚了一些。很多网友吐槽“小尼”“太懒”，其实它不是“懒”，只是被“伤”得太深了……

登陆

7 月 9 日 13 点 45 分，台风“小尼”突然在福建泉州石狮市再次登陆，登陆级别为强热带风暴！原定上午登陆的“小尼”在临近时突然减速，变得“磨磨唧唧、一拖再拖”，上午 11 时距离福建海岸线只有 25 千米，12 时几乎动都没动，而到 13 时竟然还有 20 千米，迟迟不肯登陆。不少网友笑称“小尼”是不是睡午觉去了,“吐槽”它是重度“拖延症患者”。“小尼”表示“心好累”，感觉再也不会登陆了……其实，“小尼”并不是“拖延症”，它只是被“卡”住了……据中央气象台首席预报员许映龙解释，“小尼”被卡在了一个“鞍型场”内：它左侧是大陆高压，右侧是西太平洋高压，一个给它往南走的牵引，一个给它往北移的牵引，生生地拽住了“小尼”，移动迟缓也不是它的“错”啦。

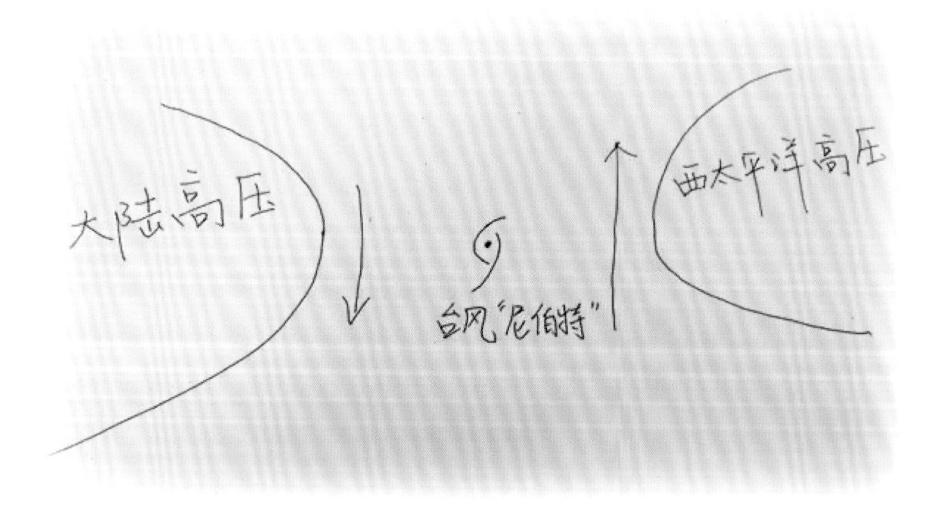

首席手绘图

再见

7月10日，前一天，我们还在焦急地等待“小尼”登陆，还在为饱受暴雨袭扰的福建捏一把汗，第二天我们就经历了电闪雷鸣，暴雨下了个昏天暗地，然而，这一切却只是因为飘来了一阵“小尼”的残留云。经过两次猛烈撞击的“小尼”已经“支离破碎”，云体结构冲散，破坏力大大降低，但是这些被冲散的云下个短时暴雨的“功力”还是有的。

“小尼”还是超强台风的时候，我们这里还在晒着蓝天白云，“小尼”现在已成为热带低压，台风警报解除，我们却又发起了暴雨预警、雷电预警。天气预报远没有那么简单，各种天气系统错综复杂，此起彼伏，所以，大家不用过分在意台风本身有多强，台风到底在哪里登陆，只要关心在这一刻，在我们所处的地方，会有多大风，会下多大雨……

天团儿说说

那一年，西北太平洋，经历了史上最长的长达半年的空台期。“尼伯特”绝对想不到，它一个7月才“姗姗来迟”的台风，就成了初台风了，而且还成了登陆我国史上最强的“初台”。它没想到的事，预报员可不能没想到，所以，从“尼伯特”出生之时我们就特别重视这个台风。7月已是盛夏，天气正是最热的时候，海洋也是如此，西太平洋的海水“煮”的时间够久，就等台风“下锅”了。这不，“尼伯特”一来，“滚烫”的海水给足了它能量，“尼伯特”很快就剧烈“翻滚”起来了，所以它可以连跳四级，它可以在这么短的时间里成为超强台风。更重要的是，7月的台风袭击华东的概率非常大，对它最初的预报路径也是扑朔迷离，一团乱麻：有报登陆的，有报转向的。随着登陆的可能性越来越大，大家的神经也越来越紧张。由于台湾先“挡了一剑”，登陆点也更加偏南，离得更远一些。所以，在那年的台风里，“尼伯特”对宁波的影响远远不及它同届的“莫兰蒂”。

7 夏天最后一支“杜鹃花”

2015 年 9 月 30 日

记录一下台风“杜鹃”：9 月底的甬城，竟然还在夏天里，只是阳光不浓烈，雨水也不尽兴，仿佛只是为了等待一场冷空气，安安静静入秋。一切似乎可以这么完美地进行下去，可惜没等来秋天，等来的却是朵“杜鹃”花。

作为 2015 年夏天最后一个台风，这朵“杜鹃”花注定是要来“刷一下存在感”的。拥有着教科书般完美形态的超强台风“杜鹃”，经过了台湾和大陆的两次撞击，原本紧凑而浑圆的云团变成了零散的碎片，已经找不到完整的结构了，可就是这些碎片，仍然发挥了巨大的威力：9 月 30 日，甬城一夜暴雨，电闪雷鸣，第二天早晨，甬城的街道变成了河道，处处看海，好像 2013 年强台风“菲特”重现。宁波发布了首个暴雨红色预警，这下孩子们都高兴坏了，假期变成“超长版”，苦的是那些上班族，还得在路上“挣扎啊挣扎”……

从一开始，“杜鹃”就不平凡，多家数值预报一度“被她玩弄”：从最初的转向北上到最后的西行登陆，“杜鹃”的路径调整让人大跌眼镜。也正是这一百八十度的大转弯让这个节日“扎堆”的 9 月底“炸开了锅”：台风会影响中秋看月亮吗？十一长假的“旅游黄金周”会泡汤吗？舆论逐渐发酵，“杜鹃”瞬间吸引了众多眼球。最后，“杜鹃”并没有“耽误”大家看月亮，也没有“打扰”国庆长假，而且行走路线还很“识趣”地向南偏了一点点。可就当所有人开始庆幸这场台风并不会有太大威胁，大夸特夸这个“良心好台风”的时候，甬城的雨大得感觉“天好像被捅破了”！

这个时节的台风可以算是秋台风了，只是尚未正式入秋，“杜鹃”的秋台风身份有些尴尬。都说秋台风凶猛无比，这么猛烈的降水是因为秋台风吗？这么说也有点牵强，秋台风最怕的就是与冷空气结合，可这一次只能说是“纯纯的台风雨”，冷空气压根儿还没到呢！感觉还是好闷热，气温也快到“3字头”了！那么为什么下这么大的雨？“杜鹃”原本的结构就比较缜密，“个头”虽不大却是最高级别的超强台风，即使经过两次登陆损耗，能量也不容小觑。所以，偏偏就那么巧，散开的云系正好有一片落在我们头顶，还持续了一整夜，雨自然是不得了。好在“杜鹃”结构早就开始松散，能量大幅受挫，残余的云系也维系不了多久，很快就会雨过天晴了！

天团儿说说

台风“杜鹃”可能对宁波来说是个不起眼的台风，但它的故事也不少。首先它是中秋节来的台风。大家都知道，节假日来台风很烦人，人们都准备兴冲冲地各种玩耍了，但说可能有台风来，很多人要取消玩的行程，还有很多人要加班！其次，都“说好”不来浙江，要去福建登陆了，但“你”在宁波搞出这么大的雨，完全“不按常理出牌”啊！宁波在短短十几个小时之内普降暴雨到大暴雨，局部特大暴雨，很多地方都发生了内涝。这就是“杜鹃”的厉害之处：个头小，但实力集中，即便是它的一小片“羽毛”也有很大的能量。所以，如果不幸被这种“小小的羽毛击中”，就会下不得了的雨。不过还好，“小羽毛”再厉害也就小小一片，离得那么远，周边没有更大的“羽毛”补给，一次性下完之后也就没有了。当时宁波

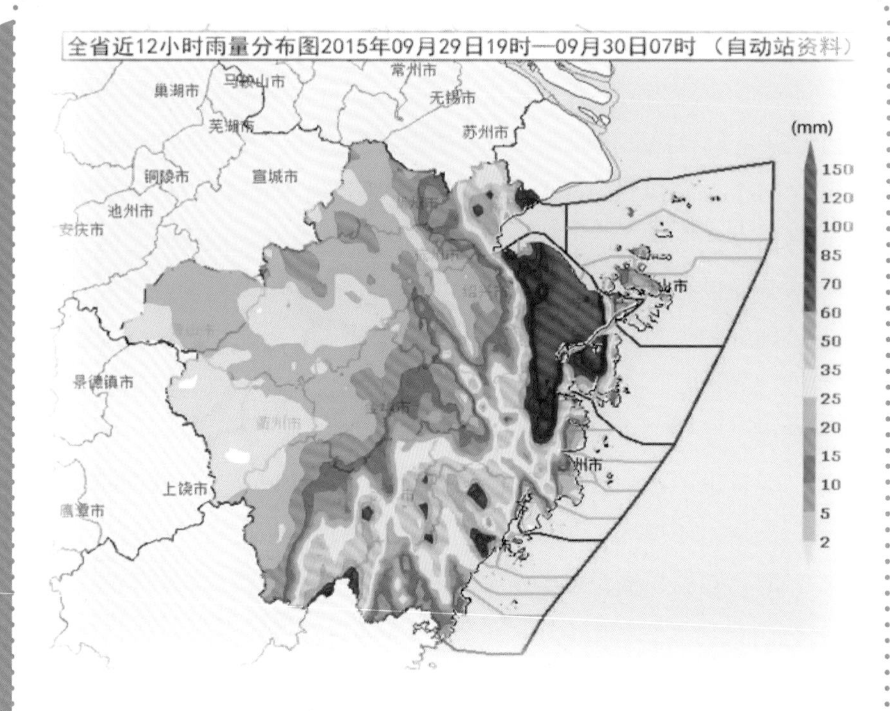

那一夜，宁波上空有一块挥之不去的台风云，普降大暴雨

发布了暴雨红色预警信号，也是《宁波市应对极端天气停课安排和误工处理实施意见》2014年12月1日开始实施后的第一个预警信号，很多小朋友都停课了，很兴奋，但他们不知道，预报员叔叔阿姨们是怎么熬过那一夜的。

“巨爵”，拒绝

2015 年 10 月 22 日

在我的记忆里，甬城的秋天都是短袖变毛衣的节奏，像这样平静如水还透着一股子“慵懒范儿”的秋天是很少见的。甬城入秋本来就慢了一拍，磨蹭了好一阵子才勉强达到了气温标准，好不容易入了秋，却没个正经秋天的样子。记得刚入秋那会儿，冷空气还带来了几番凄风冷雨，让我们有了那么“一丢丢”秋天的感觉，可之后就基本没有冷空气什么事儿了，雨水也跟着“玩消失”。一开始是秋高气爽紫外线“爆棚”的大晴天，一天十多度的大温差，只有早晚才有浓重的秋凉，而后来却是越来越暖、煦风轻柔，白天的气温是人体感觉最舒适的温度，早晚那股清冷感也逐渐变得不明显。每天走在路上，抬头看见浮云悠悠，身上铺满暖人的阳光，还任由夹杂着桂花香的空气扑面而来，想想都是满满的幸福。

只是这样的幸福感似乎有点儿不真实……已经连续晴了几乎两个星期了，雨水都去哪儿了？说好要来的雨水为何迟迟不见踪影？这个……还得说道说道 2015 年第 24 号台风“巨爵”。台风“巨爵”可以说是今秋最“悲情”的台风了，一出生就背负了那么一个备受争议的名字——“拒绝”，被“吐槽”了一大堆，也被调侃了一路，也许真是这个名字惹的祸，它的路径走得是颇为纠结和迷茫，最后竟然挥挥手，拒绝了所有的预报，就在离大陆不远的海面上烟消云散了。也正因为如此，本该出现的连绵雨水也随着台风消散而不了了之。不过，台风虽然消失了，由于它巨大的“气场”还在，周围方圆百里都得顺着它的环流走。对甬城来说，虽然离台风云远远的，却在暖暖的偏东气流里，这几日暖意甚浓，竟然还滋生出小阳春般的温暖来。或许明天，海上散落的残留云系会飘来一些雨，毕竟，这个台风轰轰烈烈来了一场，即使走得有点悄无声息，也并不会“拒绝”留下最后一点痕迹吧！

天团儿说说

这个台风名字还真挺有意思的，24号台风“巨爵”，拒绝，还有后面的25号台风“蔷琵”，墙皮？台风名字都这么随意的吗？“巨爵”台风最后真的“拒绝”了我国，然而，它却并不是个可以被忽视和遗忘的台风。由于“巨爵”给菲律宾带去了巨大的灾难，“罪大恶极”，所以已经被世界气象组织台风委员会除名了，这也算是一个悲情的故事吧！

9 龙卷，到底离我们有多远

2021 年 5 月 15 日

龙卷，强对流家族中的“头号玩家”，神秘莫测，轻易不出手，出手必下狠招，招招致命。在强对流家族里，它是唯一一个有自己独立级别的，这种“待遇”一般像台风这样的“王者”才配拥有。没想到，这个强对流家族里最冷门小众电影里才看得到的家伙居然火了。原来，5 月 14 日的夜里，龙卷在苏州和武汉突然同时出现，一时间“刷爆”了朋友圈，人们才发现，龙卷竟然离我们如此之近。

那就说说这个龙卷吧！龙卷到底为何与众不同，凭啥它可以“另立门户”？其实，它的不同之处就在于它不只是大风，还是高速旋转的大风。如果说把大风比做一把“大刀”，那龙卷就是一个“绞肉机”，还是一个“行走的绞肉机”，所到之处破坏力极强，听说它的边角擦过大树就能把树皮给剥了……

然而，我们不怕强大，怕的是未知，龙卷真正的可怕就在于目前的预报能力还不足以准确预报它，这里真不是“甩锅”！它可能只是一个偶然的存在，也往往事后才能被发现，它“个子”太小，若不是肉眼所见接地的漏斗云，现有的气象观测网很难抓得到它。有时候，预报员也是太难了，在一堆红红紫紫看起来超厉害的强对流雷达图里，也许能发现好几个

★根据专家现场勘查，初步判定 2021 年 5 月 14 日发生在武汉蔡甸的龙卷属于 EF2 级龙卷。

可能生龙卷的回波，但事实上可能一个都不是真龙卷。连它的影子都摸不着，提前预报就更别提了。就连它的定级也都是事后勘测评估的。龙卷就是这样一个“另类”的存在，它的破坏力和诡异程度都值得有自己的一套评价标准。

在我们生活的城市里，龙卷确实比较罕见。知道台风为什么强大么？因为它出生在广袤的海洋里，可以有足够的时间和空间汲取能量旋转壮大自己。而龙卷的“命运”就差多了，它出生在到处充斥着“人类制造”都市森林的陆地上，那些高耸的钢筋水泥无疑就是它旋转跳跃的绊脚石，基本没什么生存空间。所以，我们听说的那些强大的龙卷一般都发生在地势比较平坦和开阔的平原地区。宁波最近的一次龙卷出现在 2017 年，慈溪“8・20”龙卷。再上一次，是 2016 年台风“鲇鱼”来之前，台前飑线强对流风暴里藏了一个龙卷。

然而，龙卷虽然罕见，但可以召唤龙卷的强对流天气并非偶然。过去大半个月，强对流隔三差五就在长江中下游“吹响集结号”，作为长江中下游强对流集团大军的小分队，宁波也上演了三次半夜暴雨狂飙电光火石。虽然没有出现传说中的龙卷，但汹涌而来铺天盖地的对流风暴，惊呆了所有人。

万事皆有因，往年 3 月末到 4 月初就该出现的“强对流魔咒”并没有现身，提早 18 天就匆忙入夏，这些不正常都预示着“老天要憋什么大招”。果然，热得太快能量爆棚，一不留神，暖湿气流就容易和冷空气“擦枪走火”。这一次，“交火”都集中在长江中下游一带，可能聚集的能量太多太

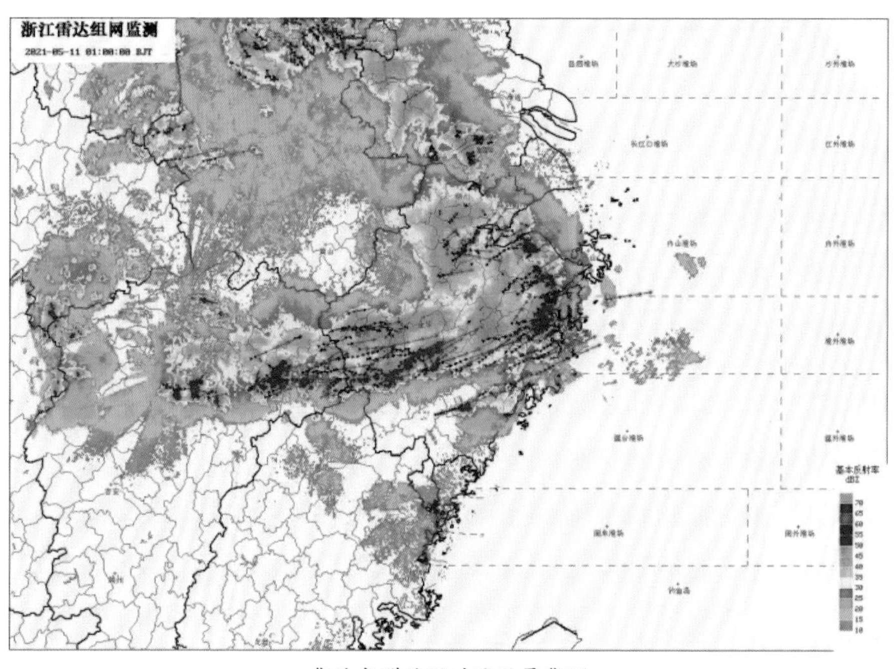

集结成群的强对流风暴集团

猛，“战争”持续被引爆，久久不息。和以往的“单枪匹马”不同，这些“火力”集结成群，我们平常觉得“很稀罕”的冰雹、龙卷全都倾巢而出。

说这些，不是说我们一定会遇到龙卷，也不是说只有生龙卷的强对流天气才可怕，而是想让大家意识到，在这样季节“错位”的天气形势里，在这样极端异常强对流天气里，什么事情都有可能发生。这种未知的、来不及反应的危险，甚至比台风还可怕。毕竟台风再强，我们也是有备而战，而强对流天气留给你的可能只是猝不及防的“几分钟”，你即使看到它了，也没法精准知道，它会把最强劲的大风刮在哪里，它会把最有杀伤力的暴雨下在哪里……很难提前精准预报，往往只能仓促应对，这才是强对流天气预报的“死穴”。

唯有更科学地认识到这一点，才能在碰到它们的时候，看到强对流预报预警信息发布的时候，不再慌乱，不再心存侥幸，不再盲目迷信……或许，很多时候，面对强对流天气带来的“天灾”我们仍无能为力，但我们可以以最高等级的警惕之心和防御之力去应对，把灾害造成的损失降到最小。

天团儿说说

2021年的春天异常安静，很多人说甬城的春天从来没这么“温柔”。正当人们还沉浸在这般春日限定的美好时，夏天突然就“闯”了进来，提前了整整18天。天气一下子就热了起来，然而人们没有想到，跟随而来的还有洪水猛兽般的强对流。4月30日夜里，甬城第一次感受到了强对流的威力，感觉和台风来差不多。那是预报员们的不眠之夜，除了工作的责任和使命，还有见到如此罕见天气的激动和“兴奋”。有经验的预报员心里都有数，春天该来而未来的强对流肯定是不会“善罢甘休”的。只不过准备归准备，当现实真的发生在眼前，大家还是被这波扫荡几个省“一路狂飙”的强对流天气给震撼了。接下来还有更想不到的，大半个月里，大大小小的强对流“连番攻击”，宁波发布的气象灾害预警信号竟然高达100多次。其实，比起台风这样的巨型系统“集团作战”，强对流一般都更“偏爱小规模的游击战”，尽管预报难，致灾强，但好在总体能量有限，影响的范围可控。而像这样超大型如同“异形”的强对流天气，并不是普通的强对流，它完全超出了普通强对流的杀伤力，这阵仗甚至连经验最丰富的预报员都没怎么见到过。在气候变暖的现在，极端天气不停地挑战自己，也在挑战人类的认知，然而我们能做些什么呢？除了继续永不停歇地追寻预报“天花板”，或许，需要停下来思考一下了。

第二章

一些奇奇怪怪的“脑洞”

10 台风“利奇马”之“魔台降世”

2019 年 8 月 8 日

我是小妖怪，逍遥又自在，
刮风不眨眼，降雨不带伞，
一走八百里，水汽撑破肚，
哪里去泄掉，登陆忘密码……

天地灵气孕育出一颗能量巨大的“混元珠”，西太平洋“先尊”将混元珠提炼成“灵珠”和“魔丸”，灵珠转世为灵台，可柔风细雨化我神州大地炎热之苦，而魔丸则会诞出魔台，狂风暴雨为祸人间。每年夏天，灵台和魔台都会以各种名字隐秘身份，是恶是善，难以分辨。这个夏天，2019 年第 9 号台风“利奇马”的降世备受瞩目，它超台之身魔气十足，走位步步紧逼，十分凶险。

台风“利奇马”是否会命中注定成为“魔台”？它将何去何从？

“利奇马”出身不凡，生成之初已修炼至超强台风，达到台风界最厉害的等级，中心拥有 16 级大风“神力”，并以每小时 15 千米左右的速度向西北方向行进，继续“修炼升级”。预计将在浙江沿海登陆，当然也不排除其在浙江沿海近海北上。魔台将至，浙江大地将遭受狂风暴雨之天劫，告急，告急！

气象“诸神”助力，魔台不容小觑

“利奇马”何去何从自有“天命”，副热带高压“仙君”掌控其走向，一路指引其前行，具体“驾临”何方、是否转向北去都由副高定夺。另外，冷空气也将来助其一臂之力，如若相遇，“利奇马”的降雨“功力”会大增，不容小觑，慎之，慎之！

我命由我不由天，“利奇马”能否抗魔成仙

看上去是个兴风作浪的大魔台，但改天换命也并非没可能，海上有 8 号台风“范斯高”，还有新降世的 10 号台风“罗莎”，“是灵是魔”都未可知，它们与副高的较量和牵制，也许可以改变“利奇马”最后的命运。无论怎样，我们都希望“利奇马”能“抗魔成仙”，绕道远走，不要带来伤害，做一个“善良的好台风”！

后续

愿望是美好的，事实是残酷的。超强台风“利奇马”一出生就被贴上了“魔”的标签，一路上“魔性尽显”，在很多人还侥幸地认为它会转向“回头是岸”时，它却“肆虐人间”，登陆浙江之后也是“魔性大发”，不仅给浙江、宁波带来了打破历史极值的狂风暴雨，还将台风暴雨“泼”到山东，甚至更北的地方。数据显示，“利奇马”登陆浙江时的强度仅次于“台风之王”“桑美”，是 1949 年以来登陆浙江第三强的台风，也是对宁波综合至灾强度第二位的台风。这样一个台风，已经不止是一个“魔童”了，可以说是一个“大魔头”。不管怎样，“利奇马”已经过去，它也将成为历史，它的名字也将从来的台风名册上划去。然而，每一个惊天骇世的大台风都是“老天”给我们的警示，台风是善是恶不重要，重要的是我们要学会面对每一个台风，学会科学应对每一个台风。

天团儿说说

台风“利奇马”来的时候，正是《哪吒之魔童降世》热播的时候。“魔童”和“灵童”的故事，像极了在洋面上横空出世的台风。和他们一样，台风有好有坏，有“魔”也有“仙”。那些像灵童一样的“好台风”，在我们饱受酷暑折磨时送来了清凉，在我们干旱面临缺水危机时送来甘霖；而那些像魔童的坏台风，横行肆虐为祸人间，给人们带来的是巨大的灾难和伤害。每年，都有一些台风因为对人类的罪恶而被除名，像给我们宁波带来巨大灾难的“桑美”“菲特”等等……人类希望它们永远消失在“台风界”，希望它们带来的伤痛不再重复。台风本身并没有善恶，它们的善与恶在于它们之后的选择，它们的路如何走，它们的风雨如何挥洒。强的台风未必就是“魔台”，如果它能绕道远行或者清风化雨，不带带来任何伤害就好，而弱的台风未必就是“灵台”，有些看似弱小等级低的台风，却也能掀起惊涛骇浪。

11 “安比”的降生

2018 年 7 月 20 日

7 月 18 日，台风“山神”在海南登陆了，与此同时菲律宾以东的洋面上又有一个台风小生命在悸动，看到“山神”可以去到更远的地方，它很是羡慕，世界那么大，它也想出去看看。

它不停地吸收季风槽中的水汽，逐渐强大自己，终于，努力没有白费，7 月 18 日晚上 20 时，它终于拥有了自己的名字——“安比”，很好听也很洋气。“安比”成长的海水环境并不好，它长得很慢，也有点弱，甚至都没有力气睁开台风眼，不过没关系，它尽可能“让自己长得大一点儿胖一点儿”，什么也挡不住一颗想去寻找诗和远方的心。

刚开始，“安比”想往北走，去看看更深邃的大海，可从 20 日开始，有更强大的引导气流带着它转向西北，这是向浙江北部沿海走的路，那里很美，它很喜欢。

预计到 21 日早晨，“安比”就能进入东海了，并逐渐靠近浙江沿海，它应该会近距离来看一看，之后还会来个“亲密接触”。

“安比”并不想长得太强壮，比不上超强台风“玛莉亚”，但它却把自己弄得“很壮很大”，有点“丑丑的”，周围拖着大大的云系，那些任性的云系还会制造大量降水。

不管怎样，“安比”已经朝我们出发了，我们总会迎来台风，也总要学会面对每一个台风。

天团儿说说

2018 年的台风简直个个都有故事，那年有三个台风登陆上海，“安比”是第一个，登陆上海这件事本身就很神奇了。上次台风登陆上海还是在 20 世纪 80 年代，而且之前总共也就登陆过两个台风。不仅如此，“安比”的路径也是前所未有的传奇，它游历的地方超级多，从上海、江苏、山东、河北、天津、辽宁一路玩到了内蒙古，把正儿八经的台风雨下到了北方。而且，“安比”也是史上登陆之后生命史最长的台风，游玩了 60 多个小时。“安比”，真的是有一颗去看诗和远方的心啊！

台风攻略·寻找“璎珞”

2018 年 8 月 17 日

看过了热播的《延禧攻略》，我们也来“戏说”这一季的台风攻略；

看过霸气登场有着盛世美颜绚烂一生的超台富察·“玛莉亚”；

看过出生平凡却厚积薄发用生命去远行的乌拉那拉·“安比”；

看过花起花落神奇改变了人生轨迹的“云雀”娘娘和刚刚香消玉殒的“摩羯”娘娘；

似乎那个一路打怪升级开挂的“璎珞”女孩并没有出现……

且看新晋的“温比亚”娘娘如何？

新人上位，猝不及防。

从“宫女”到“娘娘”（拥有台风身份），从出生到登陆，都是那么猝不及防，由于实在生得太近，一出生便由“副高”（副热带高压）带着“移驾”江浙沪，毫无悬念。很多人可能还没反应过来就遭遇到了她的暴风雨，感受反而会更强烈些。

贵人相助，如鱼得水——“温比亚”娘娘是新人“上位”（生成时间不长），且“位分”也不高（最高仅为强热带风暴级），但有“贵人”西南季风相助，云系显得十分庞大，不像之前“云雀”“摩羯”娘娘那般妆容松散云若游丝，上岸之后云系维持时间较长，风雨影响比之前来的这几位都要明显一些。

走位犹豫，雨露均沾

虽然娘娘最后选择了驾临“申宫”（上海），但娘娘进入杭州湾后走位犹豫，其对流也在此地得到增强发展。这次其南侧主云带在宁波也下了不少雨，雨量明显胜过之前几次。台风走位和主雨带配置得多么严丝合缝，才能有这样精准的暴雨啊，或许直直地奔向“申宫”北上就又没宁波多少事儿了，嗯，没有雨露均沾的台风都不算是好“璎珞”！

对见过大世面的宁波来说，台风“温比亚”似乎也还够不上那个厉害角色，接下来海上依旧暗潮涌动，不知道下一位“娘娘”将会何去何从，是否会能成为你心中的“璎珞”呢？

天团儿说说

2018 年 7 月，西太平洋上台风一个接一个地来，似乎正在上演一出大戏。“玛莉亚”台风是第一个“登场”的，她拥有最完美的外形和绝对的超台实力，虽然在福建登陆，对宁波没什么影响，但她却拉开了夏天台风季的序幕。当时正是《延禧宫略》热播的时候，“玛莉亚”绝对可以拟比出生尊贵绝世美颜的皇后娘娘，而之后来的几个台风只能算得上“嫔妃”娘娘的级别。“安比”，她登陆上海时只是一个强热带风暴，级别不高，但她却是“自强不息”，用尽一生去到最远的北方，也是陆地上存活时间最长的台风。她像乌拉那拉氏一样，出生平凡，却隐忍等待最终成了熬成了“皇后”。台风“云雀”一生也十分神奇，后面再单独聊聊她。台风“摩羯”就比较平淡了，也没有太大的“存在感”。然而，能配得上魏璎珞的，绝对就是“温比亚”了。“温比亚”，最强时也不过是个最大风力 10 级的强热带风暴，然而看似柔弱的她，却成为了 2018 年影响最大的台风。她虽然“级别不高”，但十分灵巧，招数清奇，把水汽和能量全都带到了内陆，很多比她强的台风都赶不上她，是不是很像出身宫女却用智慧和勇气一路打怪升级的魏璎珞？

台风攻略番外篇·云雀变身

2018 年 8 月 2 日

这一季的台风攻略，“云雀”台风原本是最不受重视的那一位，本来注定“默默无闻地奔赴日本了却余生”，却神奇地改变了“风生轨迹”。

“云雀”身上到底发生了什么呢？原来，登陆日本后，“云雀”以为自己就这样“香消玉殒”了，没成想路上遇到了一个“贵人”——高空低涡，她给“云雀”注入了新的活力，与其合体变身，所以，现在的“云雀”娘娘已经不再是之前的台风“云雀”原身了。

变身后的“云雀”娘娘从此改变了命运，不仅受到贵人牵引，诡异地打了一个转，还在更强大的引导气流的带领下西行“移驾”江浙沪。这位“娘娘”也只是热带风暴级别，云系十分松散，虽然走到近海温暖的洋面，有了增强的机会，但强度依然非常有限，相信制造风雨的能力一般，更多的是带来几天凉爽吧，如此看来，“云雀”还是一位温柔贤淑的娘娘呐……

台风“云雀”的最终走向

天团儿说说

2018年有三个台风登陆上海，“云雀”就是其中之一。比起其他台风，它似乎并不起眼，但她的一生也是十分传奇。看图就知道，“云雀”的路径太奇葩了，所有人都觉得它登陆日本就结束了，结果它不仅没“死”，还神奇地“复活”重新回到海上。因为它遇到了高空冷涡，和热带气旋一样，高空冷涡也是逆时针旋转的，只是热带气旋是暖心的，高空冷涡是冷心的。“云雀”遇到冷涡，两者的气流结合在一起旋转，“云雀”重生了，并且注入了大量的冷气，和原来的“云雀”已经不同，换了个姿势重新出发……

秋天的“小北后遗症”

2019 年 10 月 30 日

此时,《少年的你》正在火热上映，不少网友被影片的男主人公小北实力“圈粉”，出现了“小北后遗症”，连穿衣都纷纷效仿小北的带帽卫衣模式，感觉今秋卫衣又将掀起一波时尚热潮……题目只是噱头啦！其实本文最想说的是，秋天真的是最适合穿卫衣的季节，如果你出门不知道穿什么，没有什么比一件卫衣更方便了，20℃以上可以穿单层卫衣，十几摄氏度可以穿带绒的卫衣，轻便又舒适。

春天和秋天都是不冷不热的季节，都适合穿卫衣，为什么秋天是最适合穿卫衣的季节呢？现在就从气象上“扒一扒”秋天和春天到底哪个季节更适合穿卫衣。

我们还是用数据说话，统计了宁波秋天和春天各种穿衣温度所占时间百分比，可以看出，秋天穿卫衣的时间明显比春天长，这表明秋天比春天更适合穿卫衣！

同样是穿卫衣的温度，春天和秋天也有不同哦！

秋天是夏天往冬天走，基调是先暖，在冷空气的打压下慢慢变冷，大地房屋周围的环境经过长长夏天，积攒了不少热气，温度有时候都降到了可以穿大衣的程度了，可还有妹子习惯性地穿着卫衣和短裤。所以，如果

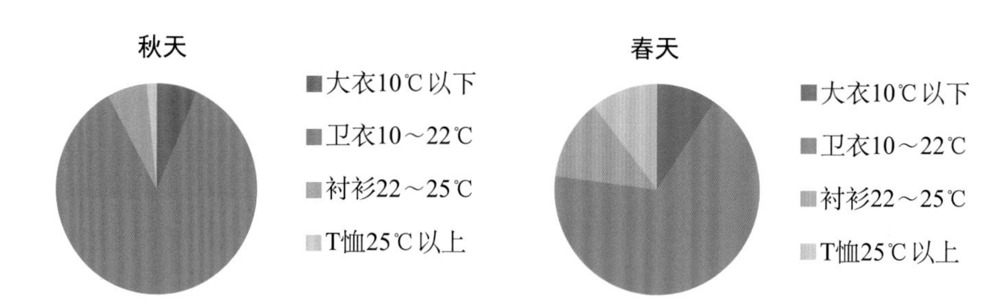

你觉得秋天的冷空气会把你“冻死”，那只能说你还没有进入秋天的情境，穿得不！够！多！

春天是冬天往夏天走，基调是冷的，本身穿得就多，尽管暖暖的南风吹着，气温往上走，四周洋溢着春暖花开的感觉，但实际地表房屋建筑物温度都是慢热型，所以温度虽是穿卫衣的温度，但很多时候人们还是需要大衣护体。

所以，“春捂秋冻”的老话还是要听的，春天是大衣，大衣，大衣，然后突然换毛衣，突然换短袖的感觉，而一身卫衣加一身加绒卫衣就能撑起整个秋天。

眼下正是穿卫衣最合适的温度，赶紧去挑选你的卫衣，开启“行走的小北”卫衣模式吧！

“流泪地球”&“流浪太阳”

2019 年 2 月 27 日

电影春节档出了一部《流浪地球》，
激动坏了一大波中国影迷。
然而现实世界地球没去“流浪”，
反而太阳“离家”出走了，
只剩下“无尽流泪”的地球……
如此大规模的异常天气事件，
是人类目前最关心的问题。
先简单讲一下故事吧。
话说从 2018 年 9 月以来，
出现了一个叫“厄尔尼诺”的家伙，
它一来，地球大气都异常了。
副热带高压：厄尔尼诺“小哥”在，
咱不走了，这里有大片上映唉！
南支槽：兄弟姐妹们都快来看啊！
流浪地球要停转了，我们都会被灭哦！
两人一合计，决定来个“流泪地球计划”。

它们联手把低纬度的水汽全都拱上来了，
然后把冷空气也拉入伙。
于是，从入冬到现在，
地球上出现了一块神奇的地方：
这里雨雪不绝，终日阴郁；
流浪地球变身“流泪”地球；
太阳无法忍受，只好独自“流浪”去了。
咳咳，不知道是科幻片还是言情剧，
好了，故事现在还在继续……
那来看看几个常见的问题。

问题 1：厄尔尼诺是啥？

话说地球上有好多好多海，
按道理海水该冷的时候冷，该暖的时候暖，
不过有时候它们也“不按常理出牌”
（不同的海也有自己的小脾气哦）。
先科普一下：
厄尔尼诺是指赤道中东太平洋海温异常偏高，从而影响大气环流的一种自然现象。
就好像那片海一直在煮热水，
顺便把海上空气也一并“煮”了。
空气在这里加热上升，肯定会在另一个冷的地方下沉，
如此形成一个圈，搅乱了正常的大气环流，
所以，厄尔尼诺一来，天气总会发生异常
（厄尔尼诺：我就是“背锅侠”么，台风太多，
怪我；夏天太热，怪我……反正，都怪我咯？）。

问题 2：厄尔尼诺为啥造成冬季长期阴雨？

想要在一个地方长期下雨，
其实也不是个简单事儿：
一是要有足够的暖湿气流；
有厄尔尼诺撑腰；
西太平洋副高到了冬季还迟迟不肯退场，
南支槽老窝更是不断推送南支槽“小兵”；
一个接一个，“超生”了么？
副高和南支槽都是优秀的水汽“搬运工”，
大量低纬度暖暖的水汽被强行送到同一个地方，
这个地方就是我国江淮，江南……
二是要有冷空气配合，
冬天最不缺的就是冷空气，
2019 年的冷空气也都是磨磨蹭蹭的性子，
冷空气和暖湿气流总是在同一个地方相遇。
“冷暖搭配，干活不累”，
我们都是大自然最努力的雨雪制造者。

问题 3：“流泪地球”还要上演多久？

恐怕这是人类最关心的问题，
也是最难回答的问题。
地球已经陆陆续续“流泪”60 多天（我们这儿），
太阳虽然中途回来过，
但都是短暂逗留几日，“不成气候”。
至少从现在来看
一直到 3 月初形势仍然无力改变，
接下来的日子里雨可能还会更大，
地球的“眼泪”还要继续流，

太阳也还要继续“流浪”。

有没有觉得，
经历过这些的人类可能有一天会忘了《流浪地球》，
但绝对不会忘了“流泪的地球”，
绝对不会忘了“流浪的太阳”，
至少我自己觉得这个冬季的“天气大片”比《流浪地球》还精彩哦！

天团儿说说

2018 年 12 月至 2019 年 2 月那个冬天，宁波经历了前所未有的连阴雨天气。来看看数据：全市平均降水量 439 毫米，是常年同期的 2 倍，降水日数长达 57 天。当时，热门大片《流浪地球》正在火爆上映，人们纷纷调侃，这不是“流浪地球”，是太阳去“流浪”了，太阳“离家出走抛弃了地球”，地球“伤心得流泪不止”啊！

16 太阳 地球 与天气

2019 年的“3 · 23”世界气象日

主题：太阳 地球 与天气

看看这海报：

莫不是 WMO（世界气象组织）也想拍部科幻大片
来来来
一起聊聊“太阳 地球 与天气”吧
故事是这样的
在茫茫的宇宙中
有一个很“另类的大家伙”叫作太阳
它光芒四射，始终燃烧着红红的火焰
已经是个 45 亿多岁的“老炮儿”
亿万年里它收了不少“小弟”
并成立了自己的“独立王国”——太阳系
地球则是其中最为独特的一员
它静静地待在距离太阳 1.5 亿千米的地方
日复一日、年复一年地绕着太阳旋转
这可是一个神奇的距离
太阳可以把最温柔的光和热供给它
不至于太烫，也不至于太冷
有着刚刚好的温暖
有着可以流动的液态水
有着可以呼吸的氧气
且看方圆几亿千米内
只有蔚蓝色的地球才是人类最适宜的家园
不仅是太阳系的“颜值”担当，也是生命担当

在漫长的岁月里
太阳和地球之间发生了某种化学反应
制造出了精妙绝伦的大气层
孕育着地球上的天气，气候
太阳辐射驱动着大气环流
演化出阴晴雨雪等每天发生的天气

水汽、能量在大气层中各种流动
塑造出四季变化，冰川，寒热带等各种气候态
神秘的太阳黑子
和洪涝、极寒、干旱等极端气候
有着不为人知的联系
就这样
太阳一面守护着地球
一面影响着地球上的风云雨雪
地球不能没有太阳
而天气更像是太阳对待地球的表情
《流浪地球》里太阳要抛弃地球
地球就变成 -80℃，被冰冻封印的惨状
2019 年冬季长达 2 个多月阴雨不见天日
失去阳光的南方人民陷入了极度恐慌……
人类只有在太阳的照拂下才能自由地呼吸
只有在平和的天气下才能健康地生活
请珍惜我们的太阳，呵护我们的地球吧
你若安好，便是晴天……

“流浪”的地球，“流浪”的雨雪，此刻，我们仰望星空，看到的却是不尽的阴雨……下一刻，我们等待阳光。

时间：2019 年 3 月 14 日，地点：宁波

2019 年开年后，太阳被一块巨大无比的云罩遮挡，厚厚的云层久久不能散去，地球上一部分终日阴雨，再次陷入去年入冬以来连续一个月未见阳光的天气之中。“天气界”研究发现，这块云罩由滚滚而来“活跃过头”的南支槽和异常持续强大的副高合力促成。江淮、江南一带是水汽“爆棚”不见天日的重灾区，生活在这里的人们长期陷入内衣、袜子干不透的窘境中，心情烦闷郁结。为了改变生存环境，“天气界”制定了一个大胆而恢弘的计划——“流浪雨雪计划”，即“派出冷空气系列部队”，倾天界之力制造大量精密的“雨雪消水机”，最终耗尽水汽、消灭云罩，让阳光重返人间。

“流浪雨雪”计划分为 5 个阶段：

第一阶段：春节冷空气，在江淮一带，沪宁线开启“雨雪消水机”，在江南开启“雨消水机”，此阶段已完成。

第二阶段：节后冷空气，在江淮和江南一带持续开启“雨雪消水机”，在江南以雨为主力，而“雨雪消水机”则扩展至北方，北京，终于下雪

了……第二阶段正在进行中。

第三阶段："情人节"后冷空气，将江南一带"雨雪消水机"进一步开足马力，雨转雪范围持续扩大，而且态势可能比较猛烈，该阶段还在预期当中。

第四阶段：未来暖湿气流可能依然十分强大，江淮，江南及南方大部"雨雪消水机"都将再接再厉坚持战斗，尽最大努力消耗水汽。

第五阶段：太阳回归时代，水汽终于被扫清，阳光重回人间，皆大欢喜。

此计划预计将持续到本月下旬，尽管我们不知道前方还有多少荆棘，从今天开始，雨和雪的效率和坚毅，将在星空之下与我们共存，希望像钻石一样珍贵，让我们坚持到见到阳光的那一天。

为了配合人类更好的生活，天气预报提醒您：

道路千万条

天气最重要

预报不了解

出门两行泪

（以上文字改编自《流浪地球》台词）

天团儿说说

还是电影《流浪地球》的"梗"：电影里为了拯救地球，制定了让地球去"流浪"的计划，分为上述五个阶段。这里"脑洞"一下：流浪雨雪计划、"派"冷空气扫清连阴雨雪、阳光重回人间。

这里再来一个"梗"：

号召太阳全球广播

救援队的叔叔阿姨们，我们的救援队正在执行最后的救援任务，我现在很无助，腿正在止不住地发抖，我只能看着雨一直下，我什么忙也帮不上，昨天老师还在问我们，太阳是什么，在这之前我根本不在乎有没有太阳，但是现在我相信，太阳是我们这个冬天像钻石一样珍贵的东西。太阳，太阳是我们现在唯一的向往，今天我们还有一次宝贵机会，利用“冷空气发动机”清扫阴雨，为这个周末争取短暂的停雨时间，让长期饱受阴雨压抑的人类赢得些许喘息，回来吧，加入我们一起战斗，召回太阳，救救我们的地球。我们正在米特四号天气救援中心，我们是 nb96121 救援队，播报完毕……

2018 天气热剧盘点

1《知否知否，应是雨肥晴瘦》

出品时间：2018 年 12 月
导演：南支槽
主演：雨（雨夹雪，雪）
联合主演：冷空气，暖湿气流…
剧情简介：

2018 年入冬以来，“天气界”水汽运输能手南支槽和副热带高压强强联手，在江南一带制造了一波又一波层出不穷的暖湿气流。而向来在这个时节很强势的冷空气，这时却是个柔弱的性子，在冷暖空气的对战中实在是个不争气的家伙，不仅赶不走暖湿气流，还和它长时间玩起了暧昧，滋生出雨雪来。连续一个多月了，天气界最底层的“雨菇凉”和她的姐妹们（雨夹雪，雪…）无法挣脱命运的束缚，她们只能在冷暖空气的相爱相杀中此消彼长，演绎了一出“雨肥晴瘦不见天日”的大戏。

2《台风攻略》

出品时间：2018 年 7 月
导演：台风
主演：“玛莉亚”“安比”“摩羯”“云雀”“温比亚”

联合主演：副热带高压，西南季风……

剧情简介：

2018年夏天，西太平洋“各宫”风起云涌，先后多位台风“娘娘”驾临江浙沪宫，与副热带高压、西南季风、冷涡等诸位“大人”相遇相知，各自书写了从新人上位、位分晋级到命运改写等一系列传奇的人生，并在甬城也掀起了一番波澜……超台富察·“玛莉亚”霸气登场，有着盛世美颜绚烂的一生；乌拉那拉·“安比”出生平凡却厚积薄发，寿命之长，行程之远历史罕见；“云雀”娘娘花起花落，不仅成功变身复活，还神奇改变了“风生轨迹”；“温比亚”娘娘看似不起眼却是个“狠角色”，成为了本夏季影响甬城最厉害的台风……

3《甬城梅雨女子图鉴》

出品时间：2018年6月

导演：梅雨带

主演：梅雨（梅菇凉）

剧情简介：

2018年甬城的“梅菇凉”姗姗来迟，竟是这十年来最晚的一次。直到6月下旬，长江流域那条梅雨带才把触角伸到了甬城。“梅菇凉”以一场暴雨高调亮相，正式拉开了甬城梅雨季的序幕。然而这位“梅菇凉”与人们印象中的有点儿不太一样：她一改平日忧郁柔和的慢性子，脾气变得暴躁又任性，活脱脱成了一位“女汉子”。之后梅雨带忽南忽北玩起了跳跃游戏，甬城的“梅菇凉”一时蹦出几天蓝天白云，一时又突然就下起了暴风雨，甚至有强雷电这等厉害角色频频出没。甬城，这座神奇的城市，会改变所有投入到她怀抱的天气。

4《雾霾纯纯烬如霜》

出品时间：2018年11月

导演：静稳天气

主演：雾，霾

剧情简介：

2018 年 11 月底到 12 月初，甬城的天气一片温暖平静，只不过看似“柔和”中，也出现雾和霾这些不利的天气现象来。那段时间，全国大部分地区雾霾浓重，华东地区也愈演愈烈，甬城最终并没有逃脱大雾侵袭。但甬城这些雾比起长三角那些重污染地区相对“纯净”多了，白天阳光驱散了大雾，而且有长江一线屏障护体，那些浓重的霾大部分被长江挡住了，到达甬城的霾微乎其微。在如此雾霾横行的时候，甬城的空气能保持片刻如霜般清纯，也是十分庆幸了！

5《凉夏，我们可不可以不忧伤》

导演：夏天

主演：高温，台风，梅雨

剧情简介：

2018 年甬城的夏天来得有点早，5 月 12 号就“火线”入夏，比往年提前十来天。一入夏，副热带高压就有点儿发力过猛，让我们饱尝了高温的厉害，不过之后高温却一反常态，整个 6 到 8 月，高温像是“走丢”了。当然赶走它的是梅雨和“扎堆登场”的台风。它们接连到来，携带了一波又一波的风和雨，在很长一段时间里高温比往年减少了近三成！没有了难熬的暑热，这个夏天我们终于可以不再那么忧伤了……

天团儿说说

《知否知否，又是红肥绿瘦》《延禧攻略》《北京女子图鉴》《香蜜纯纯烬如霜》《凉生，我们可不可以不忧伤》，以上都是 2018 年的热门剧，你们可知道，甬城的上空，也演了一幕幕相似的“大戏”？

19 气象版“吐槽大会”

本期主持：地球，宇宙中最具人气星球。

主咖：海洋，地球上最大的生命制造集团，2021 气象日特邀主咖。

天气：气象界全年无休优秀“打工人”，气象版“吐槽大会”常驻嘉宾。

气候：气象界时间级天气管理大师，永远在背锅的护“天”暖男。

海洋首先吐槽：这些年你们也太冷落我了吧！你们年年搞的那些大事件，什么台风啦、厄尔尼诺……哪一件不是和我有关。我随便一个小动作就能给你们好看，我去年搞的那个“拉尼娜”，只是把赤道以东太平洋海温调低了一点点，结果就让天气老弟你内分泌失调，把北极的冷空气都给打包搬中国来了……气候，这几年你把地球都整“发烧”了，我的北极海冰也化了不少。还好我会吸二氧化碳，帮你控制一下全球体温，你也要学会控制自己，别把我变成碳酸饮料，我的那些小生物小珊瑚们可承受不起！

天气：海洋，您旗下水集团遍布 70% 的地球，积聚各种天地精华水汽能量，我们到处呼风唤雨少不了您的神助攻。去年您对我倒是手下留情，就说宁波吧，没搞几个大台风来，我年底也能评个风调雨顺安全奖了。不过气候大哥有点儿躺枪，那个“拉尼娜”让我一直消极怠工，到去年过年都没怎么下雨，结果气候干旱了！没办法，这今年都开春了，我还在努力憋……雨，真的，有时候你自己不努力，就有人来推你一把……咻，人工增雨小火箭……

气候：其实，我对海洋大哥一直很尊重，它是地球最大的温控系统，发往全球的各路冷暖洋流小分队，把地球表面调和得不冷不热，让管理地球大气环境的我省事多啦！地球温度宜人，全宇宙独一份！不过，你们集团的海温管理有时候会出问题，“厄尔尼诺”和“拉尼娜”这两兄妹是你们搞出来的吧，常常出来祸害我，还把我给整得气候异常了。天气老弟更惨，那超厉害的台风、天下漏了的暴雨、热死个人的高温……全是它在前方直面惨淡的人生。当然，到最后还是我一个人出面背锅：“由于全球气候变暖导致了极端天气频发！”别以为我会在深夜买醉，我只是背负了人类的罪。

地球总结发言：大家都是在为我地球谋大业，其实也都是为了人类。说真的我并不介意我的环境如何，有海洋和没海洋的地球都是地球，80℃的地球和 −80℃的地球都能在宇宙里翱翔，可人类呢？或许需要吐槽的并不是你们，而是人类自己。

天团儿说说

看懂这些“吐槽”，你需要知道的那些知识：

1. 2021气象日主题：海洋，我们的气候和天气。海洋在历年气象日主题只出现过一次，即1998年天气、海洋和人类活动。

2. “厄尔尼诺”“拉尼娜”是我们经常听到的气象名词，它们都是由于海温出现异常而导致的气候事件，容易引发各种极端天气。

3. 海洋吸收了大量人类制造的二氧化碳，这会使海温升高，海水酸化，严重影响海洋生物生存。

4. “拉尼娜”事件导致2020年下半年宁波缺雨，出现严重的气候干旱，宁波为此开展多次人工增雨作业。

5. 海洋是个巨大的能源库和调节器，洋流可以平衡地球表面的热量，所以地球表面不会太冷也不会太热，适宜人类生存。

20 雨水君：听说整个宁波都在等我交作业

我是雨水君，听说今年年初整个宁波都在找我，说实在的，我有点受宠若惊。故事可能要从2020年年底说起，从来不为水发愁的宁波破天荒地遭遇持续旱情，连供水都开始紧张起来，宁波人慌了，他们这才发现好像很久没见到我了，于是他们开始找我，到处打听我到底上哪儿去了？其实，2020年的梅雨季，我还是很努力的，超长加班50天，梅雨量问鼎60年来之顶峰，业绩感人。

不知道是不是用力过猛，之后我精疲力尽，特别是从9月开始，降雨实在少得可怜，导致宁波缺水了！我站在水库边上，和那些翻着白眼的鱼对视了很久，确实，它们很需要我。于是我开始反思，到底是哪里出了问题。

突然想起2020年的台风季，我一直都很闲，台风们几乎都不来宁波，往年全靠这个时候攒点雨水，给宁波各大水库下半年存点货，而去年只有一个叫"黑格比"的台风来找我。可它也太弱了点，和往年那些"供水大台"没法比。2019年以"利奇马"为首的5个台风，让我交了537毫米雨水，把我累得够呛，而这个"黑格比"，我只轻轻松松下了74毫米就交差了。

当然，也不能全怪台风，因为接下来的时间我依然消极怠工。宁波的水越来越紧缺。他们找不到我，就试着往天上发射催雨小火箭。这种小火

箭很擅长把躲在云里偷懒的我给揪出来，但前提是他们得先找到我所在的那朵云。过年前他们终于逮到个好机会，“嗖、嗖”的小火箭弹一下给我“整”精神了，大年三十我的降雨效果还不错，总算解了燃眉之急，让大家过了个好年。

当然，仅靠一场良雨没法缓解久旱之渴，我很纳闷，到底是谁偷走了我的精气神？气象部门帮我找到了答案：原来2020年8月开始，气候界著名坏女孩“拉尼娜”来了，正是她在扰乱大气正常秩序，导致来宁波的水汽总体偏少。怪不得，我这个雨水本尊都缺“水”了，哪儿还能造出雨来。

后来，一切都有了转机，从2021年2月下旬开始，一大批水汽源源不断地给我注入动力，我突然干劲十足，开始了持续降雨，气象部门也经常开展人工增雨作业给我打气，共同努力了大半个月，宁波缺水的窘迫之境终于改善了。果然，人生还是要有希望，生活不止有眼前的苟且，还有“湿”和远方。

雨水君：那一天，我站在水库边上，看着满满一池水，泪流满面，感谢宁波气象局，感谢小火箭，感谢2021年坚强的自己，我终于交上作业了。

第三章 天气走进诗歌里

21 穿越13年的台风对话

2019年8月13日

利奇马：8月10日，我在浙江温岭。

桑美：8月10日，我在浙江苍南。

利奇马：我们距离如此之近，可我看不见你。

桑美：你在2019，我在2006。

利奇马：13年了，我们竟然在同一天登陆，缘分。

桑美：13年了，终于等到你，我们是同类，两只孤独而高傲的超强台风。

利奇马：登陆时 16级（52米/秒）大风，比你也就差一点点。

桑美：登陆时17级（60米/秒）大风，你就比我差一点点。

利奇马：这些年，像我们这样的大台风很少了，尤其是你，已经成为传说。

桑美：13年后，你的出现，又让世人震惊，也让世人想起了我。

利奇马：当年你拥有浑圆清晰的台风眼，匀称紧密的螺旋云系，是台风最标准的样子，堪称教科书级别的完美台风。

桑美：你云系紧实体型庞大，而你的双台风眼，更是极强台风的专利。

利奇马：多少人仰望你在风王之巅，却不知你美丽的云墙之下，是狂风暴雨、惊涛骇浪。

桑美：多少人以为你只是“狼来了”，没想到这次狼真的来了……

利奇马：你虽然长得小，却威力极大，你带来的大风至今是不破的神话。

桑美：你那充沛的雨水倾倒下来，从浙江一直下到山东，一座城差点被你淹掉。

利奇马：你当年的惊世狂飙至今令人心有余悸，所以你被除名了。

桑美：你犯下的恶行也并不逊色，所以你可能也要被除名了。

利奇马：我想成为台风之王，但我不想伤害任何人。

桑美：没关系，只有这样才能给世人留下警示，任何一个台风都不该被轻视，人类可以预测我们，却无法阻挡我们。

利奇马：如果上天再给我一次机会，我想做个好台风。再见！再也不见！

天团儿说说

说起台风之王，人们往往会想起“桑美”，确实，2006年的“桑美”，它是1949年以来登陆浙江最强的台风，也是登陆中国最强的台风，它创造的多项记录足以让它成为台风界最“传奇”的台风。“桑美”的破坏力超乎人们想象，它当时造成的“地狱级”灾难至今让人们不寒而栗。然而，“桑美”不仅仅是一个王者台风，它最大的意义在于它用最真实最惨痛的事实教会人们，面对台风要学会“怕”！它清晰地让人们知道一个台风到底能有多厉害，这样，当人们再次面临台风威胁的时候，也许能够不再心存侥幸，不再疏忽大意，该转移转移，该躲避躲避，竭尽所能把损失减到最小……所以，“桑美”过后，尽管也碰到了如2014年“威马逊”，2013年“菲特”这样有着巨大威力的大台风，但足够的正视和重视起码让“桑美”那样惨烈的教训不再轻易重现。“利奇马”是2019年最厉害的台风，是那年台风界里的一匹“黑马”，它的巅峰强度甚至一度超过“桑美”。“桑美”和“利奇马”都是罪大恶极的台风，都是被除名的台风，相隔13年，却是在同一天登陆，就让它们来一个穿越13年的强者对话吧！

22 雪落下的身影

2018 年 12 月 31 日

我慢慢地等，雪落下的身影
闭上眼睛幻想它的风景
你无法现身，决不是太薄情
只是水汽还来不及充盈
我慢慢地等，雪落下的身影
仿佛你会潇潇乘势而行
睁大了眼睛，尘埃般雪难寻
谁来赔这一下午的心情

明明，形势已注定
期望，只是未尽兴
泪尽，也不能相信
入夜，等来小确幸
我慢慢地看，雪落下的身影
终于看到它迟来的风景
你款款而来，并不是太随性

只为与那水汽完美相逢
我慢慢地看，雪落下的身影
仿佛你洋洋洒洒不会停
睁大了眼睛，见证你的激情
谁来陪我看这般好光景

天团儿说说

2018 年的最后一天，我们看到了雪！说实话，那场雪真是令人意外惊喜。在宁波这个城市，真正兑现下雪的预报，真是太难了！那是一场寒潮级别的冷空气，在所有的预报数值指标都符合降雪标准之后，我们预报 30 日会下雪。那一天就是等雪的一天，时间到了下午，雪还没下，因为当时还差点点水汽。到了晚上，水汽渐渐开始抬升，低温和水汽完美交融，雪花终于飘起来了。预报员们松了一口气，而更兴奋的是不仅晚上看到雪花，第二天早上还看到惊艳雪景的人们。因为这次来的寒潮把地面温度降得足够低，下的雪没有很快融化掉，地上、草坪都积起了薄薄一层白色，这样的景致在宁波极其少见。下一场雪，又会是什么时候呢？

23 2020，不一样的元宵节

2020 年 2 月 8 日

今天是元宵节
是的
这个元宵节有点不一样
没有车水马龙
没有热闹非凡
没有灯火辉煌

或许
天气也有点不一样
前几天温暖甚至有些热烈的阳光
隔着玻璃都能感受到它的能量
冷暖空气一拍即合制造的高山雪宴
看看朋友圈照片也能一睹它的盛况
努力扒开阴霾云帐奔向明朗的天空
只为元夜之时能瞥一眼月色苍茫
或许

天气并没有不一样
只是人们心生向往
再漫长的雨
也会唤来灿烂的艳阳
再狂暴的风
也会被山石磨去锋芒
再凛冽的冬天
也会迎来春天的曙光

这个特殊的日子
天气没有让人失望
这个特殊的时刻
坚守让人充满希望
今夜
就在阳台上
透过玻璃窗
奉一壶月光
吃一碗滚烫
让我们静待花开
山河无恙

天团儿说说

2020年的元宵节，是被疫情隔离起来的元宵节，可能是这辈子碰到最特殊的元宵节。元宵节之前，天气很冷，宁波的山区下雪了，然而元宵节当天，雨雪渐停，云层散开，似乎天气也想尽力转好，让人们能够在这样惆怅的日子里看一眼月光。天气都这么努力，我们还有什么理由不坚持呢？

24 我喜欢你

我喜欢你，像风走了八千里，不问归期；

我喜欢你，像阳光铺洒大地，温暖惬意；

我喜欢你，像水汽凝结成云，纯洁如你；

我喜欢你，像雾霾相伴出没，难分难离；

我喜欢你，像雨雪变幻飘落，缠绵几许；

我喜欢你，像台风肆虐后的天空，宁静安逸；

我喜欢你，像副高中心的晴空区，风和日丽；

我喜欢你，像彩虹调出的七种颜色，美到窒息；

我喜欢你，像梅雨季节的暖气团遇到冷气团，泪流无法停息；

我喜欢你，像高空槽和低涡完美搭配下的暴风雨，热烈如我的心意；

我喜欢你，像孟加拉湾的水汽搭上南支槽的小船，一路滋润你的心底；

我喜欢你，像西伯利亚的冷空气无数次积攒，只为某次大雪一泻千里；

我喜欢你，像夏季西太平洋上偷偷上岸的东风波，有疾风骤雨，也有清凉的慰籍；

我喜欢你，像赤道辐合带孕育的热带气旋，在沸腾的海水加持下，足以燃爆我的热情；

我喜欢你，像厄尔尼诺带来的海温变化，你在大洋那边我在这边，仍能感觉你的暖意。

终于

等到太阳直射地球赤道的那一天，我们相遇，从春花烂漫到夏草如茵，从春雷送急雨到夏日晚来风，从冷暖气流碰撞出雷雨交加到高空槽送来的微凉初夏，我还是很喜欢你，始终如一！

天团儿说说

这或许是一首情诗，写给我们热爱的气象，写给我们可爱的气象人，写给我们经历的每一个风云变幻，追逐的每一个风暴时刻，捕捉的每一个风雨瞬间，绷紧的每一个紧张神经，还有熬过的每一个漫漫长夜！这或许真的是一首情诗，是写给身边那些爱人亲人朋友的情诗，也可能是写给一个神秘小家伙的……那是2019年3月21日，太阳直射地球赤道春分的这一天，疾风骤雨冰雹闪电的这一天，酝酿了9个月的她来了，我喜欢你！

25 江南那些下不完的雨

2019 年 1 月 9 日

时间清晨，坐标江南，又是毫无悬念的一天，雨揉了揉惺忪的睡眼，伸了个懒腰，开始了新一天的工作。算起来，它已经连续开工个把月了，有些累，有些不情愿，又有些无奈……厌烦了之前淅淅沥沥间断不断的样子，像极了烟雨绵绵的江南梅雨，却又缺失了那份燥热和黏腻。雨被湿冷紧紧包裹住，不禁打了个寒颤，连续的工作已使它疲惫不堪，可这些源源不断的雨水，总要努力下完。今晚雨准备把自己调大一些，它讨厌拖拖拉拉，这样动作能快些。入冬以来，不仅整个江南，长江流域，还有更大范围的南方地区，无不充斥着这些过量的水汽，雨带着它那些兄弟们（雪、雨夹雪、冻雨……）轮番上阵，想着把这些水汽尽快消耗掉，早点儿摆脱这无休无止的工作。

作为天气界最底层的雨，似乎只有唯命是从的份儿，主宰命运的都是那些天气高层们。最近天气界最活跃的就是南支槽了，它可以驱动来自孟加拉湾大量的暖湿气流，把它们一波又一波地送过来。除此之外，台风和副热带高压这两位大咖远距离的神助攻，也让暖湿气流更加一发不可收拾。而向来在这个时节很强势的冷空气，却一反常态柔弱了起来，赶不走暖湿气流，只能和它玩起了暧昧，长时间缠缠绵绵不见天日。听说昨天南京、安徽等地，冷空气略显优越，玩出花式浪漫雪，而江南暖湿气流更胜一筹，激起绵绵不绝的雨。

未来几天，那些天气大佬们依然不会放过雨，雨抬抬头，穿过厚厚云层看了看高高在上的太阳，露出了无可奈何又安于天命的一丝苦笑……

天团儿说说

从2018年12月一直到2019年2月，不眠不休暗无天日的阴雨让江南的小伙伴们很是无奈。不止浙江，武汉、长沙、合肥等南方城市的太阳也一同集体流浪长达70多天。大数据显示，太阳出现的时间为60年来最少。如果不是穿着棉袄，大家可能恍惚这是不是到了梅雨季，网友也纷纷戏称这是“冬梅雨”来了。那到底是什么让南方的阴雨变得“无限量供应”了？其实和梅雨一样，冷暖气流在这里对峙了很长一段时间。按道理说，这个时间这个季节，老天是不会安排这样一场对峙的，但有时候不免也会出错。比如这次，本该在海上退避三舍的副热带高压非要逞强地向西北扩张，组建了一条向北的输送水汽通道，而旁边的南支槽也异常活跃，不断地从南海抽水汽输入我国。南支槽和副热带高压一左一右，一个负责抽水汽一个帮忙送水汽，导致大量的水汽长时间推送到江南一带。然而冬天最不缺的就是频频南下的冷空气，遇到这些巨量的水汽，也是不得已制造这场旷世持久的阴雨天气吧！“错位”的副热带高压和“积极”的南支槽又是谁在背后支配呢？据说又是厄尔尼诺的“锅”。不管怎样，这种近三个月太阳不现身的日子，但愿这辈子也就只碰到一次吧！

26 2019：我想和这帮雨水谈谈

2019 年 2 月 26 日

一直到两天以前，我对雨水说，让太阳我带走吧。

雨水：你没了雨，马上就死。

我：我存够了水，能活一阵子。

雨水：但是太阳会把你的水分榨干，你就脱水了。

我：我受够了雨水。

雨水：阳光洒在大地上，才有温暖，它在空中的时候，只是一个装饰品。

我：我喜欢温暖。

雨水：那你就晒死了。

我：让我试试吧。

雨水：我给你多滋润一些，你低头看看，多少像你这样的人类，都是靠我们才能生存。

我：有种你就让太阳来见我，让我看看普天下所有的人类，是不是都是像我们这样生活着。

雨水：你怎么能反抗我。我要淹没你。

我：那我就让太阳带走我。

于是今天我毅然一使劲——其实也没有费力——推走了雨水，往天上一看看，啊，原来太阳这么舒服！雨水骗了我一个月。作为一个快长草的人类，我终于可以尽情享受阳光了。我回头看了雨水一眼，雨水说，你抓紧时间吧，别告诉别的人类，晚上我又会回来……

天团儿说说

好吧！我承认我被那个冬天下不完的雨折磨得快疯了，在流浪太阳，流泪地球这些梗用完以后，我又看到了一篇文章，韩寒的《1988：我想和这个世界谈谈》，那 2019，我就和你们这帮雨水谈谈吧！

知否，知否，还是雨肥晴瘦

一朝阳光逃走
湿冷不眠不休
内衣袜子干不透
心情真难受
雨水赖着不走
全怪暖湿气流
虽冷空气频出手
奈何力不够

又见云厚雨稠
不知何为尽头
试问预报猿
却道雨水依旧
知否 知否
还是雨肥晴瘦

天团儿说说

看过了热播剧《知否知否，又是红肥绿瘦》，再看这一曲冬季连阴雨的《知否》，是不是颇有古风呢？

细数点滴，真爱点滴，气候与水的故事

2020 年 3 月 23 日

还记得《流浪地球》吗
零下 80 ℃的极寒气候人类无法居住
只能搬到地下求生存
还记得《天气之子》吗
天气异常带来了无尽的大雨和洪水
最终把东京整个城市淹没
很多灾难和科幻片里都少不了气候和水的故事
我们的地球
正因为有着可以维系生命最温和的气候
有着可以流动的液态水
有着可以呼吸的大气层
才成为了最适宜人类生存的家园
水和大气塑造了气候
气候变化又可以改变水
气候和水就这样在地球上相交相融，循环不止
守护着我们的地球和生命
请关注气候和水

气候正在发生变化

全球气候变暖
海平面上升
气候异常
厄尔尼诺……
相信这些名词大家应该都不会陌生
是的
我们的气候正在发生改变
尽管气候变化已是老生常谈
但很多人觉得这些离自己很远
然而，事实真的如此吗
最近地球上发生了不少大事
南极首次测出了气温 20 ℃ +
惊现粉红色“血雪”
澳洲山火燃烧了 7 个月
蝗灾席卷 20 多个国家
……
很多研究表明
气候变化正是这些事件的幕后推手
这些你能肉眼可见的事实
无不印证着气候变化已经不再远离我们
然而
它带给人类的影响远远不止这些……

发生在你身边的“气候变化”

气候变化到底改变了什么
或许，它就发生在你的身边……

你有没有发现宁波的夏天越来越长
春花开得越来越早
秋叶黄得越来越晚
冬天越来越“贫雪”
没错，气候变化正在悄悄改变着我们的四季
不仅如此
那些异常的天气事件也频频发生
还记得去年“超长版”的冬季连阴雨吗
太阳“走失”一两个月
让宁波人民苦不堪言
曾经“水深火热”的 2013 年
夏天 40℃已经不稀奇
持续极端高温刷新了宁波人民对热的认知
秋季超台“菲特”肆虐
暴雨洪水让整个城市“看海”
宁波首发台风红色预警
还有 2016 年的“世纪寒潮”
2018 年台风四连击江浙沪
2019 年超凶风王“利奇马”
和刚刚经历的“史上最暖”冬季
……
也许你会问
这些都跟气候变化有关吗
是的
气候规律一旦被打破
天气就会“失控”
极端的“怪天气”越来越多
暴雨更猛，热浪更热，台风更多更猛烈……

这些越来越超乎寻常的天气
就是气候变化最直观的见证

气候变化可以改变水

今年“3・23”世界气象日的主题是气候和水
气候和水息息相关
在人们眼中
水是最普通最平常最熟悉的东西
在自然界，它是河是江是湖泊是海洋
在气象界，它是云是雨是雪是冰霜
对于人类，它是生命之源是人类生存生活生产的必需品
气候和水之间也有各种各样的故事
太阳辐射让水和大气相互交融循环
演变成雨雪冰霜
塑造出四季，节气，寒热带等各种气候……
一旦气候发生变化
水也会发生改变
变暖的地球意味着额外的热量
水汽在空中汇聚
我们将遭遇更强的降雨或降雪
冰川融化，海水上涨
我们可能失去最美丽的海滩
气候变热，加剧了干旱
也让许多地方有更多的降水和洪水
更高的热量会驱散云
抬头可见的云可能不知不觉在减少
全球变暖改变了水循环
淡水资源短缺，人类可能面临淡水危机

我们可以做些什么

气候和水正不可逆转地变化着
地球的未来可否安好
极端恶劣的暴雨、洪水越来越多
致命的热浪更频繁地发生
未来 3 亿多人面临缺水问题
小岛屿国家受到海平面升高的威胁
北极和南极动物生存的空间正在缩小
应对气候变化
保护水资源
我们可以做些什么
节能减排，低碳生活
从身边的小事做起
随手拧紧水笼头，关闭电源开关
每周少开一次车，公交绿色出行
减少使用塑料袋，做好垃圾分类……
这些看起来微不足道的事
却是我们能够做到的
我们无法阻止全球变暖
我们也无法创造更多的水
但我们还有机会、有能力
让气候变暖慢下来
让水减少得慢一点
气候保护着地球
水呵护着生命
请珍惜我们的气候和水
我们共同努力

第四章
当个懂气象的文化人

29 预报员的“碎碎念”1

2016 年 7 月 10 日

在这个信息时代，每当台风来临的时候，人们只需要打开手机动动手指，就会有无数有关台风的信息“蹦”出来，特别是在我们这个经常遭受台风侵袭的城市，只要听到有台风，人们的神经就会紧绷起来，都想第一时间获得所有台风的信息，很多人看得懂台风路径图、台风云图，了解台风强度和台风带来的风雨危情。这很好，说明人们的科学素养和防灾减灾意识都提高了。但是问题来了，人们对台风的信息知道得越多，似乎越愿意用自己的理解去判断……

这次超强台风“尼伯特”来势汹汹，当台湾、福建饱受大风暴雨侵袭的时候，宁波人还在“晒”蓝天，调侃台风登陆，有人问我们“台风到底还来不来”？我们不知道是说来呢，还是说不怎么来呢，还是说正在来呢……

现在“小尼”已经支离破碎，破坏力大大降低，已经解除了台风警报，然而宁波这厢却是电闪雷鸣，暴雨下个昏天暗地，这一切只是因为飘来了一片“小尼”的残留云，于是又有很多人质疑，表示无法理解……

我们一遍又一遍地发布台风强度、台风路径、台风登陆位置等信息，试图通过台风消息、警报，紧急警报来提醒人们危险的强弱远近，但是大家似乎被这些台风等级、台风路径、台风登陆点给误导了。

当然我们也有"软肋"，天气系统是那么复杂，我们可以用最精确的公式、最精密的计算机模拟出一次台风的发生发展，却无法完美捕捉到所有的细节，无法知道它精确的行走路线，无法预料它的行径路上会出现的所有变数，无法预料到它几天后准备袭击哪里，"放过"哪里……

2015 年的台风"灿鸿"，气象部门一路都在调整路径预报，但最后谁也没想到，当福建、浙江都如临大敌时，它却来了个华丽转身，在舟山群岛与陆地擦肩而过了……而台风"杜鹃"，180 度的路径调整不算什么，登陆地点不断南调远离宁波也不算什么，可已经支离破碎的台风硬是在宁波下起了瓢泼大雨，宁波首次发布了暴雨红色预警……

说这些不是想给预报人员"甩锅"，而是想让大家以科学的态度看待这件事，天气系统错综复杂，此起彼伏，正因为如此，我们才不断监测变化，不断调整，更新预报，所以大家不用过分在意台风本身有多强，台风到底在哪里登陆，只要关心在这一刻，会有多大风，会下多大雨……

30 预报员的“碎碎念”2

2018 年 7 月 13 日

台风“玛莉亚”走了，吹了吹风，下了点没感觉的雨，有人说是来了个假的台风吧！可是大家都忘了，一开始很多人拿着非官方的超强台风消息在微信朋友圈疯传，还质疑为什么气象部门的消息总是晚一步！那么问题来了，发布台风消息真的是越早越好吗？

一个星期前，“玛莉亚”路径预报是这样的……

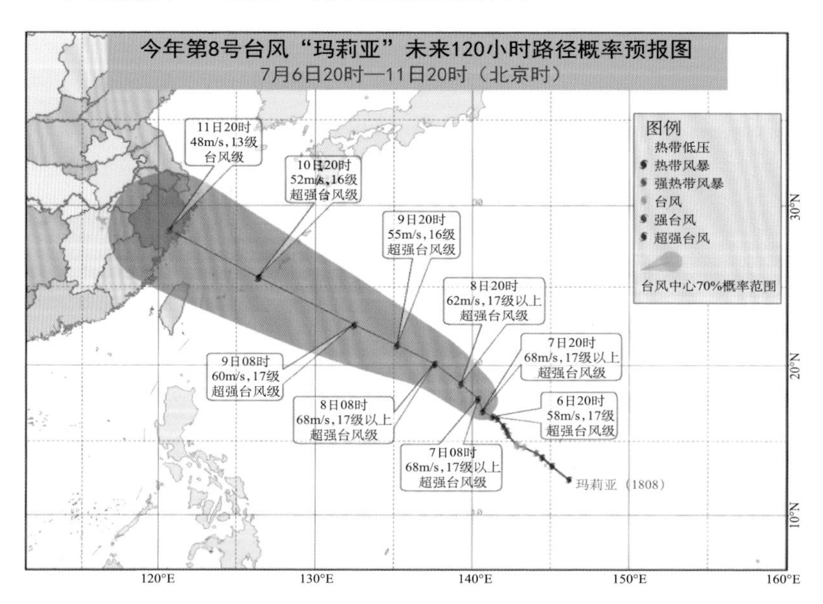

宁波人表示很紧张，而最后实际上却是那样的……

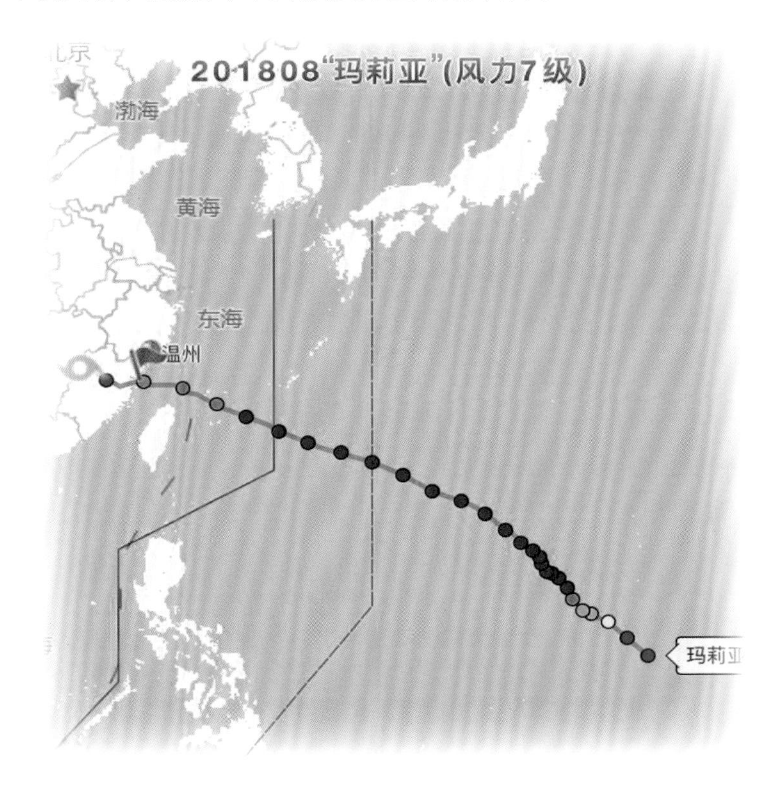

宁波市区平均雨量只有 1 毫米，听到这个数字，见过世面的宁波人笑了……

台风预报时间越早越不靠谱，基于目前的预报技术，台风路径预报 24 小时的误差可精确到 70 千米以内，但 120 小时的预报误差有 300 多千米，时间越近，预报更可信！事实也证明，不管是超级计算机还是各大预报机构，一个星期前对“玛莉亚”路径的预报和最后的真实路径都有几百千米的差池，在地图上只是差了那么一小步，而最后的结果却是天壤之别。

另一方面，发布台风消息也并不一味追求“早”，据不完全准确数据，水库调度需要提前两到三天，人员撤离转移需要提前一到两天，老百姓屯粮买菜也就一两天能“搞定”，这样看来，台风预报不在于提前了多长时间，更应关注在有效防御时效内提供更准确的预报，真正做到高效精准防台。

一些网络自媒体总是早早开始讨论和评论台风，用笼统的加以渲染的措辞，增加紧张气氛，缺乏气象知识的人看了很容易误解。所以台风到底去哪儿，制造多少风雨还得听“官宣”，气象部门发布任何消息都是极其严肃认真的，是专业人士经过深思熟虑反复考量的，我们会在不断监测和分析台风动向变化之后，选择最合适的时间，提供尽可能最精准的预报。面对同一个台风，各地气象部门也会根据台风对本地的影响程度提供针对性的预报，所以，每个地方的小伙伴获得的都是“私人定制”的本地专属台风预报！

现在，“玛莉亚”已开启了台风活跃季，各种信息又开始跃跃欲试，告诉大家打开台风消息的正确方式吧，网络自媒体发布：看看就好，仅供参考！气象部门官方发布：敲黑板，认真看！

31 预报员的“碎碎念”3

总是质疑天气预报为什么不一致？

怎样辨别说得煞有介事的“冒牌天气预报”？

如何正确科学地看天气预报？

认准发布单位、时间和地区，拒绝天气“瞎”报。

每一份完整的天气预报都会写明是哪个气象台发布，影响什么地区，还有什么时间发布的，如果没有这些信息都是天气“瞎”报。辨别天气预报谣言，请先找找有没有发布单位，发布时间和发布地区这三大基本信息哦！

不讲预报实效的天气预报都是耍流氓

一般公众接触到的天气预报主要是未来3～7天的预报，这段时间的预报是数值预报数据加人工订正，准确率会相对高一些，而8～15天，甚至更长时间的预报，因为距离时间越长，数值模式的误差越大，只能参考。所以，不要问我十天半个月以后的天气预报，因为现在说了，连我自己都不信。

天气信息没有“紧急通知”，只有预报预警

通常来说，发布天气有严格规范的用语，并不会用“通知”“紧急通

知”之类的字眼。如果有比较重大的天气或者灾害性天气预报，也会以各类灾害性天气预警或者以天气警报、报告、消息的方式来发布，比如“台风消息”“降温报告”“寒潮警报”等。“老天爷”的事儿，我们不敢“通知”啊！

“官方”出品必属“真”品

各渠道各 APP（手机软件）天气预报不一致？准确性不高？这“锅”我们不背！看天气预报请认准官方，很多软件的数据来源都是计算机运行的结果，而“官方”的预报，是预报员们参考数值预报，分析气象实况数据，结合预报经验，共同会商后的结果，相对来说是更准确的判断。所以，请关注气象“官方”，在这里您可以获取最“准”的“真”天气预报。

32 台风被“观音挡走”？靠谱么

2020 年 4 月 19 日

宁波：有人说每次预报台风要来我们这儿，结果都是要么往温州、台州去了，要么在我们这儿“虚晃一枪”，转弯去日本、韩国了……

舟山：那是我们普陀山观音庇佑，“观音大手一推”，台风就被“挡走”了！

上海：我们有“结界”，台风一般进不来！

天团儿：别急，先“扒一扒”数据，看看台风到底喜欢往哪儿走？嗯……台风不怎么喜欢我们江浙沪，它最喜欢去的地方是广东、福建，偶尔也会到我们江浙沪一游，而大多数更喜欢浙南地区，对浙北地区还有上海不青睐。

舟山：台风往哪儿走，除了靠自身努力以外，其背后还有个大 boss（老板），就是我们常说的副热带高压。一般来说浙江的台风主要集中在 7—9 月，这个时候副高脊线基本在北纬 30 度附近，副高也比较强盛，是个“大块头”。台风生成之后，一边被副高带着走，一边又和副高“挤来挤去”，多数情况下台风是“干不过这个大块头”的，只能被它压着，所以台风路线大都在北纬 30 度以南的地方。

宁波：怪不得，我们都在北纬 30 度附近，台风不容易上来。

魔都：那把副高往北挪挪呢，是不是情况就不一样了？

天团儿：当然啦，2018年，副热带高压异常发挥，中心都跑到山东去了，而且还特别强，造成3个台风在上海登陆这样历史罕见的现象。

上海：去年台风也太奇葩了，连续来三个，原来是去年的副高奇葩。

宁波：可明明是往我们这儿来的台风，怎么又转弯走了呢？

天团儿：我们这一带纬度相对偏高，副高在这个纬度也相对弱，一些比较有实力的台风可能会把副高挤破，或者挤呀挤，把副高挤退到海上，虽然台风看似已经走到我们附近海面了，但往往处在副高西侧靠近脊线的位置，这个时候它的引导气流发生了变化，从南侧东南气流切换成北侧西南气流，所以台风只能北上转弯，和陆地说再见了。

宁波：所以台风的走位，都是副热带高压“背锅”吗？

天团儿：不单单是，西风槽是台风转向另一个帮手，北纬30度以北是西风槽也就是我们常说的冷空气比较活跃的地方，西风槽就像一艘小船，往我们这来的台风遇上西风槽，就会坐着它的小船被它带出去了。

宁波：弱副高＋西风槽作祟，到家门口的台风又溜走了。

舟山：是呢，2011年的“灿鸿”，一只脚都已经踩在我们这里了，最后还是转身离去。

宁波：谁让你硬件不行，台风要来你这儿歇脚都找不到够大的地方。

天团儿：其实啊，这种转弯台风并不少见，只不过有很多发生在比较远的海上，来我们这儿登陆的台风本来就少，所以有什么动静特别受关注罢了……

宁波：原来如此，台风爱转弯的背后原来有那么多神秘的幕后推手，也给我们带来了美丽的误会。

天团儿：要不说我们这儿是福地呢，台风经常来，但来真格儿的不算多，最好的台风就是下点雨，刮点风，不带来任何灾害，只给炎炎夏日带来几天凉爽。不过，台风不是一个点，它是一个庞大的系统，不管台风登不登陆，或者会不会转向，只要它离我们足够近，就不能小看它。

天团儿说说

2019 年第 9 号台风“利奇马”强势来袭，这是那个夏天台风季的一匹“黑马”，为 1949 年以来登陆浙江第 3 强台风。“利奇马”在 10 日 01 时 45 分在浙江省温岭市城南镇登陆，一开始，它的路径预报并不确定，登陆浙北的机会也是很大的，然而网上顿时出现了很多流言，譬如“观音结界”“魔都（上海在网络中的绰号）结界”……然而，台风真的能被所谓结界挡走吗？答案当然是不。

33 《中国机长》中有哪些“气象梗”？

2020 年 4 月 21 日

电影《中国机长》改编自真实事件，讲述的是一位非常“牛”的机长把一架万米高空舷窗破裂的飞机和 118 名乘客带回地面的故事。电影为了戏剧视觉效果，还加了一段穿越雷暴云的戏，观影过程更加刺激。这么大段大段的气象戏，气象元素满满，你看懂了吗？

1. 影片中气质冷艳的焦俊艳小姐姐全程没怎么说话，但她饰演的是重量级角色——航空气象中心的领班，航空气象中心是民航自己的气象部门，专门为机场航班服务的。

影片中的航空气象中心有科幻大片的即视感，监测雷暴云的那种一大坨红红黄黄的图是 3D 雷达图，非常高级，现实气象业务中我们还没有呐，不过我们正在努力研发中，相信不久的将来就会用到。

2. 正常情况下，起飞之前，机组人员会携带航空气象中心发布的飞行气象报文上机，了解机场和航路上的天气情况。影片里，机长在飞机上看的就是报文天气形势预报，报文显示了雷暴云在什么位置，在什么高度。看起来都是数字符号代码和简单的线条，感觉有点不够高级，不过目前航空届还是使用报文，主要是为了国际通用。

3. 从影片中的雷达图来看，雷暴云像是超级雷暴单体，这种雷暴对流

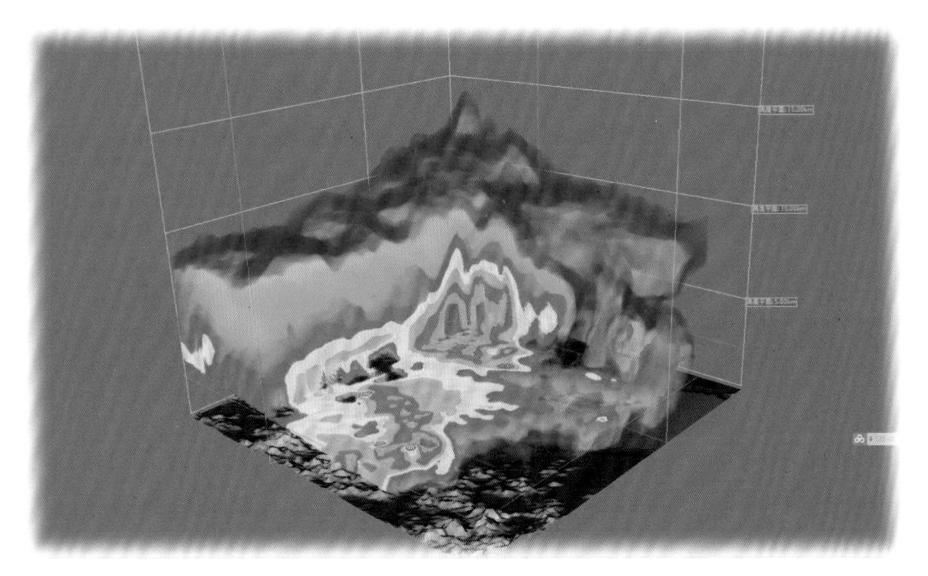

宁波气象自己研发的3D雷达图

活动非常强烈。飞机最怕的就是忽升忽降的空气垂直运动，这种运动会使飞机失去控制而坠落，而且雷暴很可能还伴有下击暴流，强大的气流会把飞机“按”下去，极其危险。现实中遇到雷暴云，飞机绝对不能起飞，飞行中的也必须绕行躲避，这可是飞机的禁区！

4. 片中有个小漏洞，飞机穿越雷暴的时候还遇到了冰雹，飞机800千米每小时的速度，遇到鸟都能把玻璃砸出裂缝，何况是这么硬的冰雹。这个有可能编剧编了一半忘了飞机没玻璃了，机长们的肉身之躯难以承受啊……

5. 最后，机长等到雷暴云出现裂缝，从裂缝中成功穿越。机长是如何看到裂缝呢？靠肉眼识别？当然不可能！飞机上也有自己的探测系统——机载雷达，飞行过程中遇到的气流或者天气变化一般就不需要地面支持了，因为通过机载雷达近距离监测能看得更加清楚。虽然影片没有交代，但机长应该是在雷达导航下从云体穿越的，当然这段情节是虚构的。

6. 我们气象上也会利用飞机穿越台风探测其内部气象数据，主要用于科研。在台风区内，空气的升降运动一般不像雷雨云中那样强烈，在台风中飞行还是可行的，但也是非常危险的，能够执行这种飞行任务的都是真正的勇士。不过随着科技发展，现在可以利用无人机进行探测了。

真实的故事里，机长说，那天天气很好，晴朗无云，能见度很高，帮了很大的忙，如果真的遇到雷暴之类的坏天气，后果不堪设想。

影片最后，机长说：

“航路上的气象条件很不错，

重庆的天气也很好，

我很高兴和大家一起执行这场飞行任务。”

所以，飞行路上最高兴的事，就是遇上好天气！

34 梅雨的自述

2020 年 4 月 19 日

我是梅雨，一个地道的江南女子，也是一个不一样的江南女子，今天就给大家介绍一下我自己……

我很爱游玩，足迹踏遍长江中下游到江淮地区绵延几千千米，甚至还能到韩国、日本，是不是特有国际范儿？去年我在日本冲绳玩被风云 4 号卫星偷拍，从此，微信首页留下了我的时尚大片……

我的爸爸是来自北方的冷空气，妈妈是来自南方暖湿气流，每年的六七月，他们就会在江淮地区这一带相遇，而我就是他们爱情的结晶——雨。至于为什么在这儿相遇，那得我的副热带高压叔叔说了算。

由于我的爸爸是性格刚烈的北方人，妈妈是热情温婉的南方人，所以我继承了他们各自的基因，性格也更加多变。

有时候我多愁善感，阴沉个脸雨下个不停，很多天都不给个阳光笑脸；有时候我会闹点小脾气，暴雨连连，到处看海，脾气大的时候还会来些强对流。

一般来说，我每年都会来一次，到美丽的西子湖畔转一转，来早来晚全凭心情，不过当我犯懒的时候，可能一年都不会来，而勤快的时候，我一年还会来两次。

我也有很多“必杀技”：第一招，连阴雨，通常情况下，我都会使用这招，看似温柔可威力也不小，长时间的阴雨寡照会造成农作物受伤害，也容易让人们的心情抑郁起来……

第二招，高温高湿，我的平均温度高于22℃，加上下雨湿度大，带来了令人难受的“桑拿天”，也让食物很容易发生霉变，衣服总也晾不干。

第三招，暴雨，这也是我最厉害的一招，连续的过程性暴雨，2013年，我在浙江制造了5场暴雨，把浙江的江河湖泊都灌满了。

当然我也是大自然一名优秀的“搬运工”：虽然我每年只来一个月左右的时间，但却贡献了全年五分之一的降雨量，有效地保障了城市供水和农作物生长所需的灌溉用水。

再给大家介绍一下与我相处的正确方式：

1. 我雨势较猛的时候，会把路面搞得到处积水，出行要特别注意交通安全，如果不小心遇到我暴发强对流，那可得躲着我走。

2. 我会把空气搞得闷热又潮湿，所以尽量关好门窗，别让我轻易进屋，最好放些除湿防霉的东西驱赶我；也可以开启空调把我轰走。

3. 我阴沉多雨郁郁寡欢的情绪很容易传染，要学会适应我，控制烦躁情绪，多运动调节心情，把我忘到九霄云外。

这就是我，一个时而任性肆意，时而柔和婉约的江南女子，请包容我的坏脾气，也请记住我的善良和美好……

春天冷空气对决冬天冷空气，到底谁更“作”

到了春天，冷空气还是时不时来刷存在感，尽管来得没有冬天那么多，力气也没有冬天那么足，可这“性子”却并没有人们想得那么柔弱，感觉有时候它比冬天的冷空气还要厉害！那我们就来看看，春天的冷空气和冬天的冷空气，脾气性格到底有哪些不同呢？

春天冷空气：“脾气火爆花头透”；冬天冷空气：“简单稳重又专一”

冬天的冷空气“简单又专一”，每次都点刮风下雨降温的固定套餐，最多再添点雪，不过我们宁波很少下雪，所以更简单了。它“性格”也比较稳重，不急不燥的，风不会太烈，雨不会太急，没什么激烈的大动作。春天的冷空气“花头贼噶透”，大风降温下雨那只是常规反应，一言不合就“爆炸”，分分钟给你电闪雷鸣疾风骤雨，甚至还用“冰块”砸你。不光“脾气火爆”，花样也

特别多：雷暴、雷雨大风、龙卷、飑线、冰雹，各种奇招狠招，惹不起，惹不起！

春天冷空气：忽冷忽热特善变　冬天冷空气：冷酷到底够直接

冬天的冷空气特别直接，除了冷还是冷，只想把冷酷进行到底……；春天的冷空气却是很善变，忽冷忽热捉摸不定，“翻脸比翻书还快”，前一秒热情似火，后一秒冷若冰霜，前一天春暖花开，后一天春寒料峭，一天之内让你走过春夏秋冬，尝遍阴晴风雨，没有最“作”只有更“作”……

春天冷空气：黏黏乎乎好磨人　冬天冷空气：霸道豪气一招制

冬天的冷空气霸道又豪气，拥有绝对的权威和实力，一出手就能制胜暖湿气流，彻底击退雨水后，总会带来几天的干爽晴冷。相比冬天，春天的冷空气就像个文弱书生，始终是打不过势头正盛的暖湿气流，赶不走也扫不完那些顽固的雨水，只能和它们反复纠缠，黏黏乎乎，雨水也会拖上好几天。

或许是刚刚过去的那个暖冬，“霸道”冷空气太少，也太“面”，到了春天，“文弱”冷空气倒是抢尽了风头，上周来的这个让我们见识了它的“作”，短袖和棉袄齐飞，雷电和狂风共舞，更是放出了魔法湿冷大招继续作妖，接下来几天还是那么湿哒哒冷飕飕，真是个磨人的小妖精！

36 遇上魔性的“气温菌”，你中了哪些假疫情

疫情期间，健康大于天，发烧，咳嗽，乏力……好像都是病毒的标签，一旦身体有点风吹草动，就疑神疑鬼，紧张兮兮，生怕自己“中招”。其实，这也许只是气温“菌”惹的祸。

气温“菌”是神马？

这是一个春天里的故事。话说走过了冬天，冷空气渐渐元气不足显出了疲态，而沉寂了整个冬天的暖空气开始苏醒意气风发。冷空气稍有懈怠，暖空气就会出来狂刷存在感。常常一个用力过猛，气温就升得得意忘形，稍不留神还会闯入夏天的境地。然而此时，总会有一股冷空气静静等在它身后，笑而不语。 暖空气并不知道，它的得意忘形会惹来冷空气更猛烈的回击。果然，气温升得有多离谱，跌得就有多惨烈，冷空气实力尚存，一个绝地反杀就能把气温给压回去：别嘚瑟，回冬天去冷静冷静。

就这样，冷暖空气开始了频频互怼，气温被折腾得一会儿热情似火，一会儿冷若冰霜，好像着了魔，暴冷暴热狂躁善变的气温“菌”诞生了！

其实，气温“菌”在秋末，冬天和初春都有出没，但在冬末至初春时节最为严重。

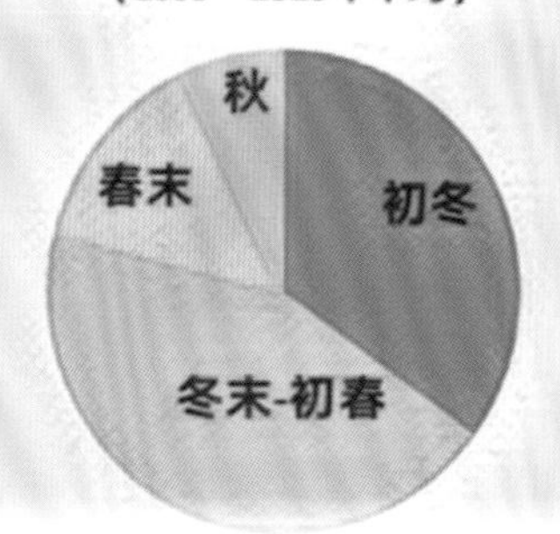

2020年2月25—27日和3月26—28日就出现了两次厉害的气温“菌”，前一天热得像初夏，后一天又秒回冬季，气温变化犹如过山车，很魔性！

遇上如此魔性的气温“菌”，那人体又会发生什么？

大家都知道，人是恒温动物，不管外界冷热，人体的温度都在一个稳定的范围内。一旦遇到气温“菌”发作，各路器官都会跳出来进行调节体温。最直接的就是肌肉发抖（冷），皮肤流汗（热）等。

皮肤血管也可以通过热胀和冷缩，调节温度（热了，血管膨胀，多散点热量；冷了，血管收缩，少流失点热量）。

细胞也是制造热量的高手，这些细胞主要是皮肤、肌肉、骨骼上的细胞。天一冷，一大批细胞勇士们就加班加点干活儿生热。

遇到轻度发作的气温“菌”，大家还可以勉强应付，皮肤、血管、细胞努力动作，把体温调回正常值。但是遇到重度气温“菌”，那种温差过大，降温过猛的暴躁菌，它们就有可能扛不住了！

比如，血管突然胀得很粗，又突然缩小，容易变硬变脆，甚至还会发生破裂，增加心血管等疾病的风险。再比如，皮肤受冷刺激起鸡皮疙瘩，然而皮肤刺激太过了，鸡皮疙瘩可能变异成风疹，风团。

不仅如此，人体另一个抗击病毒的大系统——免疫系统，也可能受到牵连。

一方面，血管收缩可能连带着免疫系统的血管（淋巴管）也骤然收缩，淋巴管里有很多免疫细胞，本来畅通无阻的通行管道突然变窄，免疫细胞们通行大大受阻，可以出去抵抗病毒的免疫细胞们也就变少了。

另一方面，细胞勇士们干得越猛吃得越多，吃的喝的各种营养都供给它们去制造热量调节体温了，而其他细胞，像那些血液里的免疫细胞们可能会不够吃，能量就不足了。

这样一来，免疫系统防御能力就很可能会变弱。普通感冒、流感、鼻咽喉炎等病毒一看机会来了，赶紧入侵。咳嗽、喉咙痛、发烧、混身乏力这些假疫情的症状就这样来了……

原来气温“菌”真的像是一种菌，可以让你生病的菌。

对抗魔性的气温“菌”，还得靠自己！

步骤一，增强免疫力是王道

大家要多锻炼，多吃饭，多睡觉，多喝热水……

步骤二，天气异常，提高警惕

明明应该穿棉袄，却暖得可以穿短袖，就要警惕气温“菌”出没，尤其是在冬春时节。

步骤三，推荐给大家一款防气温“菌”神器，那就是……天气预报！！！

天团儿说说

人们常常发现，每一次异常的升温之后，又总有一场冷空气把气温打到“骨折”。2020 年 2 月 25—26 日，宁波的冬天经历了最强的一波暴躁式回暖，最高气温达到了 28～30℃，局部最高气温 31.7℃。然而就在后一天，气温狂跌，不仅回到了冬天，还比之前感觉更冷。入春之后的 3 月 26—28 日，我们再一次体验了换季式的大降温，前一天夏装，后一天冬装。冷空气降温很常见，为什么春天的气温变化最剧烈呢？因为春天暖空气势力越来越强，冷空气来之前，会先挤压暖空气，暖空气能量集聚，容易把气温升得更高，这种现象也有个专业气象名词叫做“锋前增温”。所谓升得越高，跌得越猛，春天的冷空气实力也不俗，往往它一来就会有换季式的大变温。冬天虽然不缺冷空气，但暖空气比较弱，没有这个“锋前增温”，气温的变化相对没有这么剧烈。

但这也不是绝对的，全球气候变暖，极端天气事件屡屡发生，这种魔性气温变化也越来越常见。我们刚刚经历过的超级暖冬，由于暖湿气流异常活跃，就让我们提前感受到了这种忽夏忽冬的气温变化！

如果天气一直冷或者一直热，人们可以通过添衣保暖或防暑降温的方式保护好自己。然而，如果气温变化特别大却让人猝不及防，你可能前脚热得脱掉了棉袄，后脚冷空气就杀过来了，这也正是感冒等疾病最容易中招的时候。自然界有许多可以让你生病的病菌，这种忽冷忽热难以预测的致使人生病的气温变化，不也像是一种气温“菌”吗？

海上不止有台风，还有更诡异的东风波

2019 年 7 月 3 日凌晨，宁波市宁海和象山被一场突如其来的猛烈降水击中，宁海胡陈一处工棚被暴雨引发的局地山洪冲垮，幸好就在 1 小时前，棚内 30 名人员紧急撤离，惊险程度堪比电影大片。

“这东西简直比有些台风还厉害”，提起这场暴雨，当时的值班首席预报员仍然心有余悸。到底是什么让经验丰富的老预报员也如此畏惧呢？

发现东风波

7 月 2 日晚上 22 时左右，宁波象山附近海面突然出现一块可疑云团，预报员们很快发现并警惕了起来，这可能是东风波，而且还不是一个简单的东风波。短短几小时前，它还是一片不起眼的云系，现在已经变成一个螺旋状的云团了。

诡异“偷袭”

果然，7 月 3 日凌晨，这个东风波像“爆米花”一样膨胀了起来，并偷偷靠近宁波市沿海地区，制造了突发大暴雨。

东风波到底是什么呢？

在庞大的副热带高压南侧的东风气流里，时不时会暗藏一个微小的

波，像波浪一样自东向西移动。这种波动其实很常见，很多时候只会带来一场普通阵雨。然而有的东风波却“不按常理出牌”，它可能会突变成一个类似台风的“小涡旋”，这才是东风波里最诡异和可怕的角色！

这种“小涡旋”个头和强度远远比不上台风，但从某种程度上来说甚至比台风还要凶险！

首先它移到哪儿雨水就在哪里猛下，雨量非常惊人，完全不输一个普通台风。比如，宁海胡陈 1 小时雨量高达 80 毫米，相当于在一个小时里下完了台风一整天的暴雨量！

而且，这种东风波不像台风那样，远远就能被卫星“监视”，它往往在近海突然长大，等发现时已经到家门口了，从发现到上岸影响人类常常只有几个小时，让你措手不及！

所以，可怕的并不是普通的东风波，而是这种神出鬼没会“变异”的东风波。

“千里眼”卫星或许可以监视到东风波云系，可无法在一堆云系里辨别出哪一片云系会突然爆发。最尖端的数值预报或许可以预报出东风波的发生发展，却无法精准地推断出它会把暴雨下在哪个“局地”！像雷暴，冰雹，龙卷风这些突发强对流天气一样，它仍是世界性的预报难题！

这种东风波并不常见，但不来则已，一来惊人。1988 年 7 月 30 日，同样的地点也遭遇了一次东风波突发特大暴雨，当时，气象监测手段和预警能力相对落后，损失十分惨痛。

然而，随着气象监测预报预警水平大力提升，智能网格预报、风云系列卫星等一大批中国气象“黑”科技涌现，现在，我们的预警准确率和提前量都大大提高，和暴雨灾难抢时间拼速度的能力也越来越强。32 年后，相似的场景再次上演，但灾难没有重现。

不知道大家有没有听过一句医生箴言：“总是在安慰，常常去帮助，有时去治愈。”面对东风波这样的“疑难杂症”，我们同样如此，“总是在监测，常常在预警，积极去报准”。相信只要我们共同努力，再诡异的东风波也没那么可怕！

天团儿说说

比起的台风，东风波可能太小众了，小众到很多人从来都没听说过。其实对于沿海城市来说，东风波并不是什么稀罕物，只是很多时候它就是夏天海面上一块稀松平常的小云团，飘来一阵不痛不痒的雨，很难被人留意。不过，这种其貌不扬的东风波也可能会在某个偶然的机遇下会发生“变异”，比如“晒足日光浴”的海水能量加持，又或者副热带高压或者季风环流给它使了点劲。一旦东风波从倒“V”形的“波状”发展成闭合环流的“涡旋”状，并迅速发展壮大，它就会变得面目可憎，凶险程度绝不逊色于一个普通台风。这种高段位的东风波，两三年未必能碰到一次，而2019年宁波竟然就遇到了三次。尤其是7月3日的东风波更是制造出惊人雨量，让经验丰富的老预报员至今都心有余悸。事实上，东风波预报也一直是预报员们的痛点，因为从一开始，东风波的身份就无法被重视，它实在太小了，预报员们根本没有多少机会去摸清它的“脉门”，在很多人的预报生涯中它只是一个熟悉的陌生人。然而，在东风波以一种意想不到的方式暴发在你面前时，留给人们更多的是来不及反应和准备。有时候面对突如其来的灾难，我们真的无能为力。或许，目前的预报能力还无法提前精准预报东风波，但我们的气象预警会在第一时间“冲”出来和暴雨灾难抢时间拼速度。相信你也一样，千万不要轻视任何一次预报预警，关键时刻它能救命！